왜 그럴까? 중학 과학

질문과 답으로 익히는 **과학지식**

왜 그럴까?
중학
과학

사가와 다이조 지음 **박재영** 옮김

시그마북스
Sigma Books

왜 그럴까? 중학 과학

발행일 2025년 10월 20일 초판 1쇄 발행
지은이 사가와 다이조
옮긴이 박재영
발행인 강학경
발행처 시그마북스
마케팅 정제용
에디터 최윤정, 양수진, 최연정
디자인 정민애, 강경희, 김문배

등록번호 제10-965호
주소 서울특별시 영등포구 양평로 22길 21 선유도코오롱디지털타워 A402호
전자우편 sigmabooks@spress.co.kr
홈페이지 http://www.sigmabooks.co.kr
전화 (02) 2062-5288~9
팩시밀리 (02) 323-4197
ISBN 979-11-6862-409-2 (43400)

시작하며

원리를 알면 즐겁게 공부할 수 있고 기억에 남는다!

이 책을 선택해 주셔서 대단히 고맙습니다.

이 책은 중학교 과학의 물리·화학·생물·지구과학 분야에 관한 사고방식을 기초부터 이해하기 위한 책입니다. 중학교 과학은 네 분야를 골고루 학습하기에 '이 과목은 좋아하지만 그 과목은 싫다'라고 하듯이 호불호의 차이가 잘 생기기도 합니다.

특정 과목을 싫어하는 것은 '이해하지 못했는데 그냥 무턱대고 외우는' 공부법이 큰 원인입니다. 확실히 이러한 공부법으로는 시간이 조금 지나면 배운 내용이 기억에서 쉽게 사라져 과학 공부의 재미를 느끼지 못할 것입니다. 실제로 제가 가르쳐 온 학생 중에도 '시험을 위해서 필사적으로 외웠는데 시간이 조금 지나면 금세 잊어버려요……'라며 고민을 토로하는 아이들이 있었습니다.

최근의 입시 문제를 보면 그냥 통째로 외우기만 해서 풀 수 있는 문제가 아니라, '그러한 현상이 왜 일어나는가?'와 같은 이유를 묻는 문제가 많이 출제됩니다. **이런 문제에 '단순한 통암기'로는 대응할 수 없습니다.**

가장 좋은 과학 공부법은 '원리를 이해해서 실제로 일어나는 현상과 연결해 가며 공부하는' 방법입니다.

이를테면 '추운 날 숨을 내쉬면 하얗게 입김이 생긴다' → '내쉬는 숨 속에 있는 수증기가 상태 변화를 일으켜서 물방울로 변했기 때문이다' → '내쉬는 숨 속에는 수증기가 많이 포함된다' → '수증기가 내쉬는 숨에 많이 포함되는 이유는 체내 호흡으로 물이 새로 생겼기 때문이다'와 같은 흐름으로 이해하는 것입니다.

이 공부법은 한 번 학습한 내용이 오랫동안 기억에 확실히 남으며, 다른 단원과 이어지는 경우도 많으므로 효율적으로 즐겁게 공부할 수 있습니다.

　이 책에서는 중학교 과학에서 배우는 내용 중, 일상에서 일어나는 현상에 대한 의문을 퀴즈 형식으로 정리했습니다. '이런 현상이 왜 일어날까?'에 대한 해답뿐만 아니라 그 현상과 관련된 다른 현상이나 법칙에 관해서도 다루었습니다.

　중학교 과학에서 배우는 네 분야는 각각 독립적인 학습 분야가 아니라 서로 깊은 관계를 맺고 있습니다. 깊이 공부할수록 그 관계를 알 수 있습니다.

　이 책은 과학의 네 분야에 관해서 어떤 현상이 일어나는 원리뿐만 아니라, 다른 관련 현상과 그 원리를 연결해서 이해할 수 있는 형식으로 구성했습니다. 따라서 이 책을 읽기만 하면 다양한 분야와의 관계를 느끼며 기억에 오래 남길 수 있습니다.

　그냥 당연하다고 생각한 일상에서 일어나는 현상에 관해 '이런 원리였구나!'라고 이해하면 중학생은 물론 아이부터 어른까지 후련함이 느껴져서 더 큰 탐구심이 싹틀 것입니다.

　이 책을 통해 과학이라는 과목은 이해할수록 심오하고 즐거운 과목이라는 점을 알았으면 좋겠습니다.

이 책의 5가지 특징

첫 번째 암기로는 얻을 수 없는 본질적인 이해력이 생긴다!

최근의 입시 문제로는 '외운 지식을 그대로 답하는' 문제가 아니라 **'왜 그렇게 되었는가=이유'를 답하게 하는 문제**가 늘어나고 있습니다. 지금까지는 용어를 외우기만 하면 고득점을 노릴 수 있던 과목도 **본인 스스로 생각하는 힘을 요구합니다.**

　이 책에서는 시험에 자주 출제되는 내용을 퀴즈 형식으로 즐겁게 공부할 수 있습니다. 용어를 통째로 외우기만 해서는 얻을 수 없는 본질적인 이해력이 생깁니다.

　누계 150만 부를 돌파한 '한 권으로 확실히 알 수 있는 책' 시리즈의 『중학교 3년 동안 배우는 과학을 한 권으로 확실히 알 수 있는 책』(국내 미발간)이 교과서의 전체 범위를 폭넓게 공부할 수 있는 내용이라면 이 책은 정기 시험에서 자주 출제되는 중요한 사항을 엄선했습니다. 최근 점점 늘어나는 서술형 문제에 답하는 힘을 터득할 수 있습니다.

두 번째 우리 주변에서 생기는 의문이 소재라서 상상하기 쉽다!

'돋보기로 물체가 크게 보이는 이유는?', '레드 와인을 가열해 나오는 증기를 식혀서 만든 액체는 무슨 색일까?', '쌀밥을 계속 씹으면 단맛이 나는 이유는?' 등 **일상 속의 의문을 소재로 한 문제들을 모았습니다.**

　그래서 그 상황을 쉽게 상상할 수 있으며 답을 알았을 때의 이해도도 높아집니다.

세 번째 중요한 사항을 일괄 정리!

암기로는 얻지 못하는 본질적인 이해력이 중요하다고 하면서도 **바탕이 되는 지식을 습득할 때에는 어느 정도 암기가 필요**한 것도 사실입니다. 그래서 '문제', '정답'뿐만 아니라 관련된 중요한 사항도 해설과 함께 정리했습니다.

그림과 일러스트를 가득 실어서 반드시 외워야 할 중요한 사항을 일괄 정리했습니다. **시험 전에 대충 읽기만 해도 점수가 올라갑니다.**

네 번째 시험에 잘 나오는 실험·관찰의 포인트 수록!

본문 뒤에는 물리·화학·지구과학·생물에서 10항목씩 **시험에서 자주 출제되는 '실험·관찰'의 포인트**를 간단하게 정리했습니다.

실험·관찰에 관한 주의 사항과 조작 방법은 혼동하기 쉬우므로 이 페이지에서 '어떤 순서로 실험·관찰하는가', '주의 사항은 무엇인가', '그 실험·관찰을 통해 무엇을 알 수 있는가'를 확인하세요.

다섯 번째 용어집으로도 사용할 수 있는 '의미 해설 색인' 수록!

책의 맨 끝에는 이 책에 나오는 중요 용어와 그 의미를 **'의미 해설 색인'**으로 정리했습니다. 이 책을 읽고 용어의 의미가 궁금할 때뿐만 아니라 시험 전에 간단히 확인하고 싶을 때 활용하세요.

문제 페이지

① 어느 분야의 몇 번째 문제인지 표기합니다

② 주변에서 흔히 일어나는 현상을 소재로 한 문제입니다. 혼자만의 힘으로 대답할 수 있는지 생각해 보세요

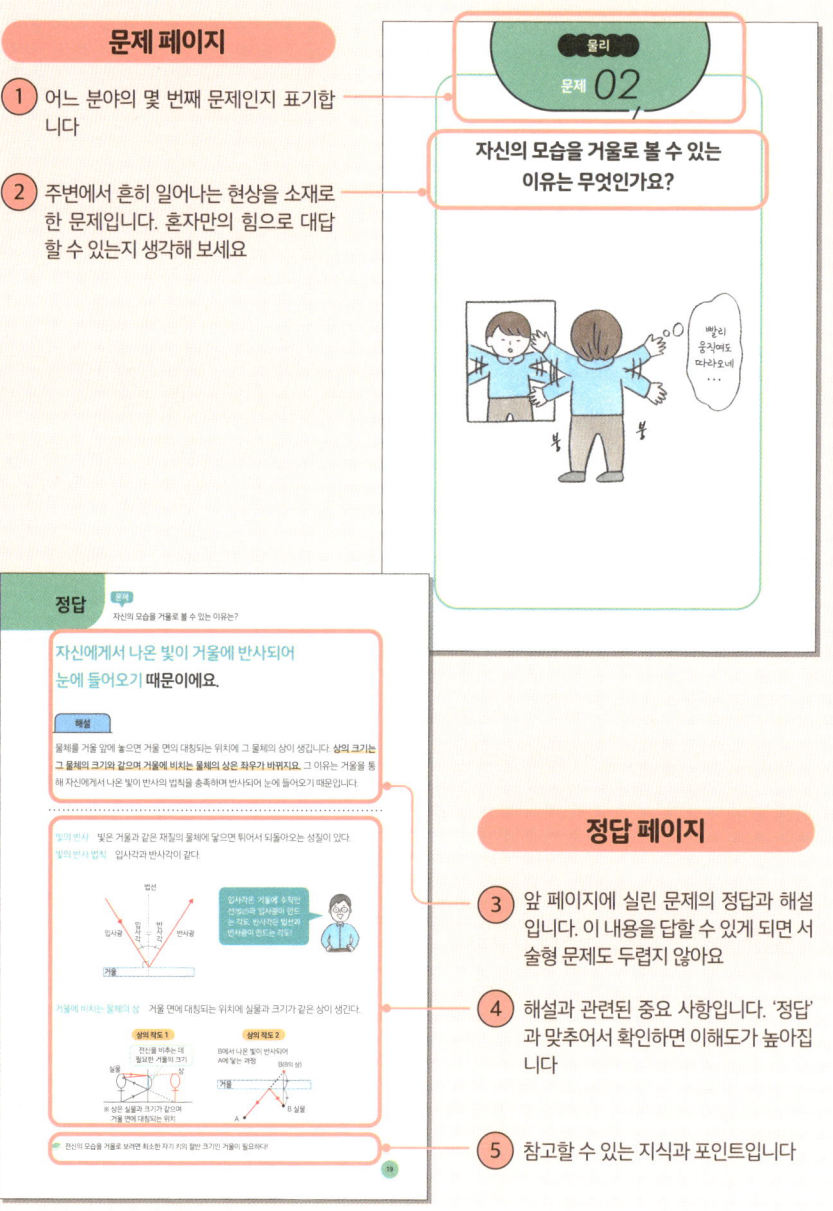

정답 페이지

③ 앞 페이지에 실린 문제의 정답과 해설입니다. 이 내용을 답할 수 있게 되면 서술형 문제도 두렵지 않아요

④ 해설과 관련된 중요 사항입니다. '정답'과 맞추어서 확인하면 이해도가 높아집니다

⑤ 참고할 수 있는 지식과 포인트입니다

권말 자료

① 어느 분야의 실험·관찰인지 나타냅니다

② 실험·관찰의 주제입니다

③ 실험·관찰의 순서를 그림과 함께 실었습니다

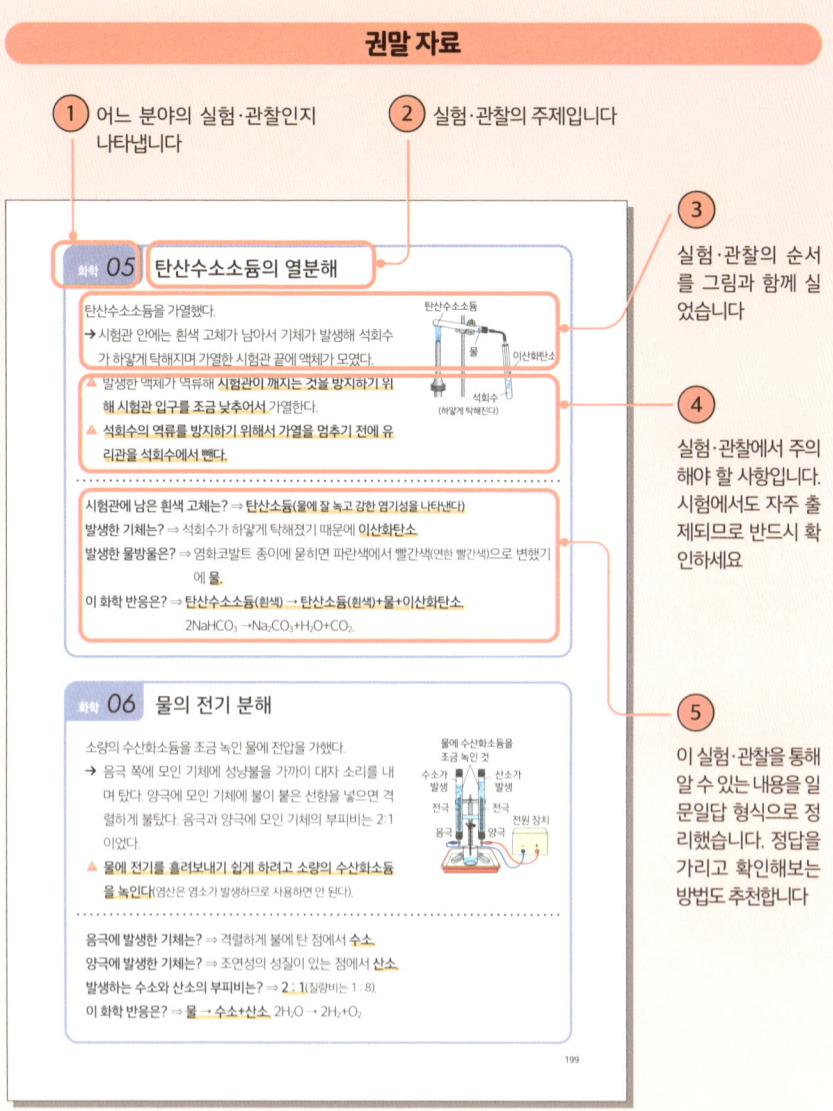

화학 **05** **탄산수소소듐의 열분해**

탄산수소소듐을 가열했다.
→ 시험관 안에는 흰색 고체가 남아서 기체가 발생해 석회수가 하얗게 탁해지며 가열한 시험관 끝에 액체가 모였다.

⚠ 발생한 액체가 역류해 시험관이 깨지는 것을 방지하기 위해 시험관 입구를 조금 낮추어서 가열한다.
⚠ 석회수의 역류를 방지하기 위해서 가열을 멈추기 전에 유리관을 석회수에서 뺀다.

시험관에 남은 흰색 고체는? ⇒ 탄산소듐(물에 잘 녹고 강한 염기성을 나타낸다)
발생한 기체는? ⇒ 석회수가 하얗게 탁해졌기 때문에 이산화탄소
발생한 물방울은? ⇒ 염화코발트 종이에 묻히면 파란색에서 빨간색(연한 빨간색)으로 변했기에 물.
이 화학 반응은? ⇒ 탄산수소소듐(흰색) → 탄산소듐(흰색)+물+이산화탄소.
$2NaHCO_3 \rightarrow Na_2CO_3 + H_2O + CO_2.$

④ 실험·관찰에서 주의해야 할 사항입니다. 시험에서도 자주 출제되므로 반드시 확인하세요

화학 **06** **물의 전기 분해**

소량의 수산화소듐을 조금 녹인 물에 전압을 가했다.
→ 음극 쪽에 모인 기체에 성냥불을 가까이 대자 소리를 내며 탔다. 양극에 모인 기체에 불이 붙은 선향을 넣으면 격렬하게 불탔다. 음극과 양극에 모인 기체의 부피비는 2:1이었다.
⚠ 물에 전기를 흘러보내기 쉽게 하려고 소량의 수산화소듐을 녹인다(염산은 염소가 발생하므로 사용하면 안 된다).

음극에 발생한 기체는? ⇒ 격렬하게 불에 탄 점에서 수소
양극에 발생한 기체는? ⇒ 조연성의 성질이 있는 점에서 산소.
발생하는 수소와 산소의 부피비는? ⇒ 2 : 1(질량비는 1 : 8).
이 화학 반응은? ⇒ 물 → 수소+산소. $2H_2O \rightarrow 2H_2 + O_2$

199

⑤ 이 실험·관찰을 통해 알 수 있는 내용을 일문일답 형식으로 정리했습니다. 정답을 가리고 확인해보는 방법도 추천합니다

주 이 책에서 서술한 범위를 뛰어넘는 질문(문제 풀이의 개별 지도 의뢰 등)에 관해서는 답하기 어려우니 미리 양해 바랍니다.

차례

물리

화학

지구과학

생물

권말 자료

본문 디자인 니노미야 다다시(넥스윙크)   DTP 마린크레인
도판(정답 페이지) 구마 아트   일러스트(표지, 문제 페이지) 나카키하라 아키코

자동차의 전조등에서 빛줄기가 보이는 이유는 무엇인가요?

정답

공기 중에 있는 먼지 등이 빛을 반사하기 때문이에요.

해설

빛은 약 30만km/s로 나아갑니다. 빛 자체를 맨눈으로 보지는 못해요. 하지만 자동차의 전조등이나 영화관에서 쏘는 빛줄기가 보일 때가 있는 이유는 **공기 중에 떠다니는 물질에 빛이 닿으며 그 물질들이 보이기 때문**입니다. 또한 빛은 공기나 유리 등 투명하고 균일한 물질 속에서는 직진하는 성질이 있답니다.

· ·

빛의 속도(광속) 진공 속에서 약 30만km/s. 지구 한 바퀴를 약 4만km라고 하면 1초에 지구를 약 7.5바퀴 돌게 된다. (엄청나게 빨라!!)

빛의 직진 투명하고 균일한 물질 속에서는 빛이 직진한다.

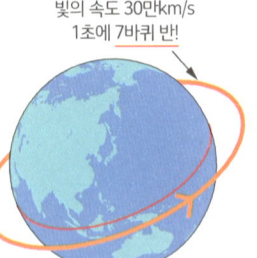

빛의 속도 30만km/s
1초에 7바퀴 반!

❶ **평행광선**: 지구에 내리쬐는 태양광은 모든 광선이 평행으로 직진한다.

❷ **확산광**: 꼬마전구의 빛처럼 한 점에서 쏘는 빛은 퍼져나가듯이 각 광선이 직진한다.

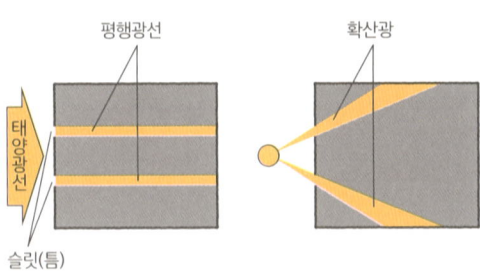

평행광선

확산광

태양광선

슬릿(틈)

지구~태양의 거리는 약 1억 5000만km로 매우 멀기 때문에, 태양에서 나오는 빛의 일부가 지구에 내리쬐게 되는 거예요

📗 '바늘구멍 사진기'는 빛의 직진을 이용해 만들어졌다.

자신의 모습을 거울로 볼 수 있는 이유는 무엇인가요?

자신에게서 나온 빛이 거울에 반사되어 눈에 들어오기 때문이에요.

해설

물체를 거울 앞에 놓으면 거울 면의 대칭되는 위치에 그 물체의 상이 생깁니다. **상의 크기는 그 물체의 크기와 같으며 거울에 비치는 물체의 상은 좌우가 바뀌지요.** 그 이유는 거울을 통해 자신에게서 나온 빛이 반사의 법칙을 충족하며 반사되어 눈에 들어오기 때문입니다.

빛의 반사   빛은 거울과 같은 재질의 물체에 닿으면 튀어서 되돌아오는 성질이 있다.
빛의 반사 법칙   입사각과 반사각이 같다.

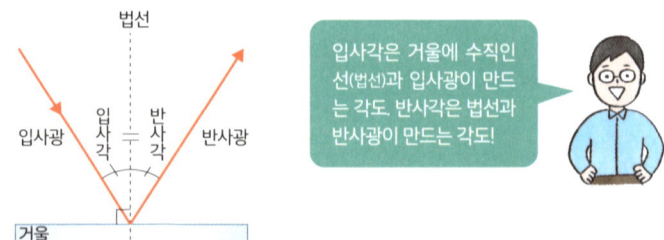

입사각은 거울에 수직인 선(법선)과 입사광이 만드는 각도. 반사각은 법선과 반사광이 만드는 각도!

거울에 비치는 물체의 상   거울 면에 대칭되는 위치에 실물과 크기가 같은 상이 생긴다.

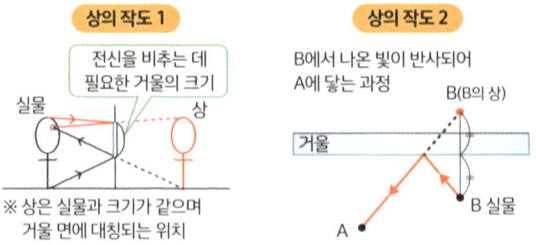

상의 작도 1

전신을 비추는 데 필요한 거울의 크기

실물   상

※ 상은 실물과 크기가 같으며 거울 면에 대칭되는 위치

상의 작도 2

B에서 나온 빛이 반사되어 A에 닿는 과정

B(B의 상)

거울

A   B 실물

📗 전신의 모습을 거울로 보려면 최소한 자기 키의 절반 크기인 거울이 필요하다!

물리

문제 03

물이 담긴 유리컵에 나무젓가락을 넣으면 물의 표면에서 꺾여 보이는 이유는 무엇인가요?

부러지지 않았어!!

나무젓가락이 부러진거야?

정답

물이 담긴 유리컵에 나무젓가락을 넣으면 물의 표면에서 꺾여 보이는 이유는?

빛이 물속에서 공기 중으로 통과할 때 굴절되어 눈에 들어오기 때문이에요.

해설

빛의 속도(광속)는 '진공 속 > 공기 중 > 물속 > 유리컵 속'의 순서로 느려져요. 물속에서 공기 중처럼 빛이 어떤 투명한 물질에서 다른 투명한 물질로 나아가면, 그 경계면에서 꺾여서 나아갑니다. 이를 빛의 굴절이라고 합니다.

- -

빛이 나아가는 속도(광속)   빛의 속도(광속)는 '진공 속 > 공기 중 > 물속 > 유리컵 속'의 순서로 느려진다.

빛의 굴절   물질의 경계면에서 일어난다.

입사각과 굴절각의 대소 관계

❶ 공기 중에서 물속으로 나아갈 경우:
  입사각 > 굴절각

❷ 물속에서 공기 중으로 나아갈 경우:
  굴절각 > 입사각

빛의 종류

가시광선: 빨, 주, 노, 초, 파, 남, 보 (빨간색→보라색의 순서로 굴절이 커진다)

적외선, 자외선 등

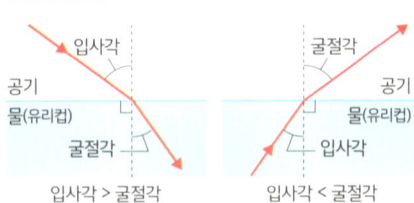

굴절의 법칙

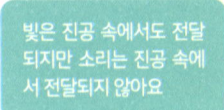

빛은 진공 속에서도 전달되지만 소리는 진공 속에서 전달되지 않아요

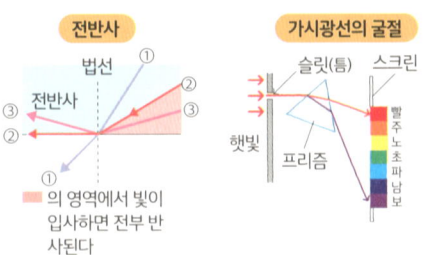

전반사 / 가시광선의 굴절

🟧 의 영역에서 빛이 입사하면 전부 반사된다

🟩 무지개는 공기 중 물방울 안에 각각의 색을 띠는 가시광선의 빛이 다른 비율로 굴절되고 반사되어 눈에 들어오는 것이다.

돋보기로 물체를 크게 볼 수 있는 이유는 무엇인가요?

문제

돋보기로 물체를 크게 볼 수 있는 이유는?

볼록렌즈가 실물보다 더 큰 허상을 만들어내기 때문이에요.

해설

볼록렌즈에는 광축 상에 있는 렌즈의 중심에서 대칭되는 위치에 두 초점이 존재합니다. 초점에서 렌즈의 중심까지의 거리를 **초점 거리**라고 하며 **렌즈의 중심과 초점 사이의 위치에 물체를 놓으면 물체보다 더 큰 허상이 물체와 같은 쪽에 보입니다.**

볼록렌즈 각 부분의 명칭

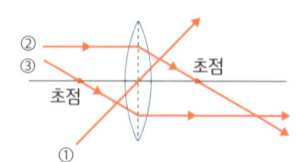

볼록렌즈를 통과하는 빛의 진행 방식

❶ 렌즈의 중심으로 나아가는 빛:
   그대로 직진한다.

❷ 광축에 평행한 빛:
   반대쪽의 초점을 통과한다.

❸ 앞쪽의 초점을 통과하는 빛:
   광축에 평행하게 나아간다.

렌즈를 통과하는 빛

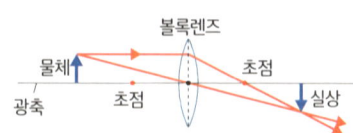

볼록렌즈에 따른 물체의 상

❶ 물체가 초점보다 먼 장소에 있는 경우:
   상하좌우가 거꾸로 된 상(도립 실상)이 **물체와 반대쪽**에 생긴다. 이 상은 스크린에 비친다.

❷ 물체가 초점보다 가까운 장소에 있는 경우:
   상하는 그대로인 실물보다 큰 상(정립 허상)이 **물체와 같은 쪽**에 생긴다. 이 상은 스크린에 비치지 않는다.

상의 작도

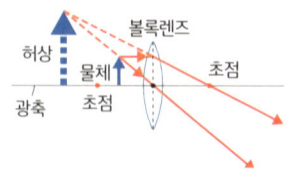

📗 물체를 렌즈에서 멀리 떨어뜨려 놓으면 그 실상의 크기는 작아져서 렌즈에 가까워진다.

폭죽이 터지면 왜 소리만
늦게 들리나요?

정답

소리의 속도(음속)는 빛의 속도(광속)보다 훨씬 느리기 때문이에요.

해설

빛의 속도는 진공 속에서 약 30만 km/s이며, 소리의 전달 속도는 공기 중에서 약 340m/s(기온 약 15℃의 경우)입니다. 음속이 광속보다 훨씬 느리기 때문에 불꽃놀이처럼 빛과 소리가 동시에 발생했더라도 보는 사람에게 소리가 더 늦게 전달됩니다.

음속	광속
15℃의 공기 중에서 340m/s(마하 1) 세계에서 가장 빠른 비행기 ⇒ 마하 2	진공 속에서 30만km/s 1초에 지구 7.5바퀴 달까지 약 1초 태양까지 약 8분 20초
느림 ←──→ 빠름 공기 중 < 물속 < 유리컵 속	느림 ←──→ 빠름 유리컵 속 < 물속 < 공기 중

소리의 속도(음속) 음속은 '공기 중 < 물속 < 고체 속'의 순서로 빠르다. 진공 속에서는 전달되지 않는다.

발음체(음원) 소리를 내는 것.

소리가 전달되기까지 걸리는 시간〔s〕 발음체와 관측자의 거리〔m〕÷음속〔m/s〕

속도, 거리, 시간의 관계

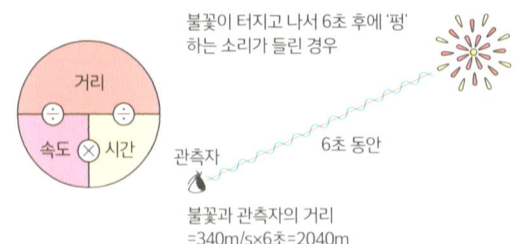

불꽃이 터지고 나서 6초 후에 '펑' 하는 소리가 들린 경우

거리 ÷ ÷ 속도 × 시간

관측자

6초 동안

불꽃과 관측자의 거리 =340m/s×6초=2040m

공기 중의 음속은 기온에 따라 달라지며 대략 331〔m/s〕+0.6×기온이라는 공식이 성립합니다.

물속에서의 음속은 1000m/s 이상이다.

메아리가 들리는 이유는
무엇인가요?

정답

문제
메아리가 들리는 이유는?

소리가 산 등에 부딪혀 반사되어 **되돌아오기 때문이에요.**

해설

소리는 단단한 물체에 반사되고 스펀지처럼 부드러운 물체에는 흡수되는 성질이 있습니다. 산에 가서 메아리가 들리는 이유는 소리가 산에 반사되어 되돌아오기 때문이에요.

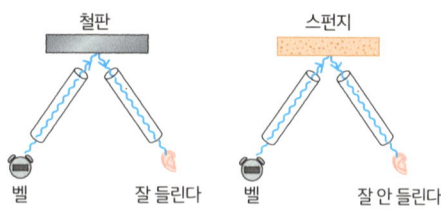

철판 / 스펀지
벨 / 잘 들린다 / 벨 / 잘 안 들린다

·································

소리의 반사　소리는 단단한 물체에 반사되는 성질이 있다. 소리의 반사도 빛과 마찬가지로 '입사각＝반사각'이라는 반사의 법칙이 성립한다. 욕실 등에서 노래하면 소리가 울리는 이유도 벽이 소리를 반사하기 때문이다.

음원이 움직였을 때 관측자가 듣는 소리의 높이

❶ **음원이 관측자에게 가까워질 경우**: 관측자는 높은 소리를 듣는다
❷ **음원이 관측자에게 멀어질 경우**: 관측자는 낮은 소리를 듣는다

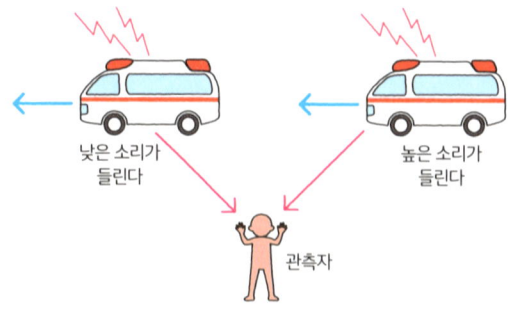

낮은 소리가 들린다 / 높은 소리가 들린다 / 관측자

음원이나 관측자가 이동하면 실제로 음원이 낸 소리와 높이가 다른 소리가 들려요. 이 현상을 '도플러 효과'라고 합니다.

📗 음악실의 벽에는 소리의 반사를 막기 위한 구멍이 많이 뚫려 있다.

우주 공간에서는
소리가 전달되나요?

우주 공간은 대기가 거의 없기 때문에
소리는 거의 전달되지 않아요.

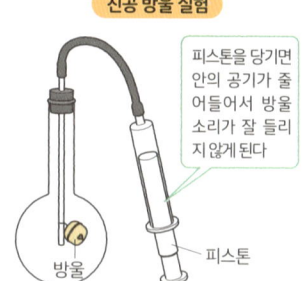
진공 방울 실험

피스톤을 당기면 안의 공기가 줄어들어서 방울 소리가 잘 들리지 않게 된다

방울

피스톤

해설

소리는 주변의 물체를 진동시켜서 전달됩니다. 즉, **소리는 주변에 진동시키는 매질이 없으면 전달할 수 없어요.** 진동시키는 매질이란 주변에 존재하는 기체, 액체, 고체를 말합니다.

우주 공간은 진공에 가까운 상태라서 소리를 거의 전달할 수 없답니다.

소리의 전달 방식 주변의 물체를 진동시켜서 전달된다.

소리의 3요소 ① 음의 높낮이, ② 음의 강도, ③ 음색.

진동수〔㎐〕 소리가 1초 동안 진동하는 횟수. **진동수가 많을수록 소리가 높아진다.**

모노코드 실험 현의 길이가 짧을수록, 현을 당기는 힘이 강할수록, 현의 굵기가 가늘수록 소리가 높아진다.

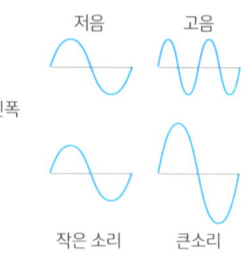
소리

파장

진폭

오실로스코프의 파형

저음

고음

작은 소리

큰소리

소리처럼 진동하며 진행하는 것을 '파동'이라고 해요

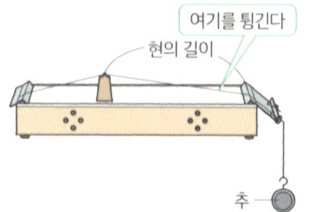
모노코드 실험

여기를 튕긴다

현의 길이

추

모노코드의 현을 강하게 튕기면 소리의 크기가 커진다(높이는 변함없다).

중력이 $\frac{1}{6}$인 달 표면에서 윗접시저울을 사용해 1개 150g짜리 사과의 무게를 재면 몇 g인가요?

정답

달 표면에서 측정해도 150g입니다.

해설

물체 자체의 양을 질량이라고 하며 단위는 〔g〕 또는 〔kg〕을 사용합니다. **장소가 달라져도 물체의 질량은 변하지 않아요.** 윗접시저울은 물체의 질량을 측정하는 기구입니다.

또한 **물체의 무게(중력)는 지구나 달 등이 물체를 중심 쪽으로 끌어당기는 힘**을 말하며, 단위는 힘의 크기를 나타내는 뉴턴 〔N〕을 사용합니다.

· ·

물체의 질량　물체 자체의 양. 단위는 g이나 kg.

물체의 무게(중력)　지구나 달 등이 물체를 끌어당기는 힘. 단위는 N을 사용한다. 지구에서 질량 100g인 물체에 작용하는 중력을 약 1N으로 한다.

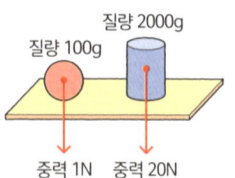

물체의 질량과 중력의 관계　같은 장소에서 물체의 질량과 물체에 작용하는 중력은 비례한다.

　예　질량 100g인 물체에 작용하는 중력은 1N이며 질량 200g인 물체에 작용하는 중력은 2N.

윗접시저울과 용수철저울　윗접시저울은 물체의 질량을 재는 기구이며, 용수철저울은 물체에 작용하는 중력(힘의 크기)을 재는 기구다.

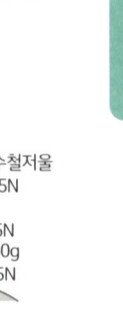

달 표면에서 질량 100g인 물체에 작용하는 중력은 $\frac{1}{6}$N이 됩니다

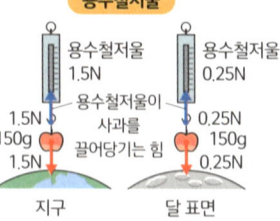

🟢 지구에서 질량 100g인 물체에 작용하는 중력을 더욱 정확하게 말하면 약 0.98N.

물리

문제 09

모든 물체에는 중력이 작용하는데
땅 위에서 멈추어 설 수 있는 이유는
무엇인가요?

정답

중력이 작용하는데 땅 위에서 멈추어 설 수 있는 이유는?

물체에 중력과 같은 크기의 수직항력이 지면에서 작용해 그 두 힘이 균형을 이루기 때문이에요.

해설

지구상의 모든 물체에는 지구의 중심 쪽으로 중력이 작용합니다. 땅 위에 정지한 물체에는 **중력**과 땅이 물체를 밀어 올리는 **수직항력**이 각각 같은 크기로 반대쪽으로 작용합니다. 따라서 중력과 수직항력이 균형을 이루기 때문에 땅 위에서 물체가 멈추어 있을 수 있어요.

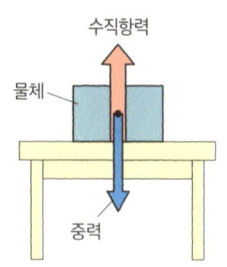

중력〔N〕 지구가 물체를 지구의 중심으로 끌어당기는 힘.
수직항력〔N〕 면이 물체를 수직으로 미는 힘.
힘의 균형 힘이 작용해도 물체가 움직이지 않을 때는 물체에 작용하는 힘이 균형을 이룬다고 한다.
두 힘이 균형을 이루는 조건 ① 두 힘의 크기가 같고,
② 두 힘의 방향이 반대이며,
③ 두 힘이 동일한 직선 위에 있다.

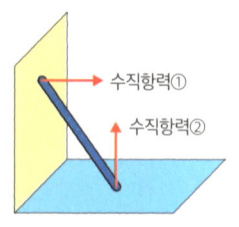

벽에 기댄 물체에도 벽에서 수직항력이 작용해요

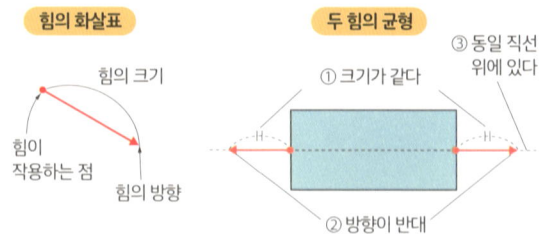

물체가 운동하는 상태라도 힘이 균형을 이루는 경우가 있다(일정한 속도로 운동할 때).

전지 등에 쓰여 있는 'V'는 무슨 단위인가요?

정답

 문제

전지의 'V'는 무슨 단위일까?

전류를 흘려보내는 작용인 전압의 단위입니다.

해설

전압이란 전류를 흘려보내는 작용이며, 크기를 나타내는 단위로서 **볼트〔V〕**를 사용합니다. **전류의 흐름을 방해하는 정도를 저항**이라고 하며 단위는 **옴〔Ω〕**을 사용합니다.

저항에 전압이 가해지면 전원의 +극(양극)에서 −극(음극)으로 전류가 흐릅니다. **전류의 크기를 나타내는 단위로는 암페어〔A〕**를 사용합니다.

· ·

회로 전류가 흐르는 길. 전류는 전원의 양(+)극에서 음(−)극으로 흐른다.

전압〔V〕 전류를 회로에 흘려보내려고 하는 작용.

저항〔Ω〕 전류의 흐름을 방해하는 정도. 금속에 따라 다르다.

전류〔A〕 전기의 흐름. 전류는 전원의 양(+)극에서 음(−)극으로 흐른다.

옴의 법칙 **전압〔V〕=전류〔A〕×저항〔Ω〕**

전기 회로 기호

전원	스위치	콘덴서
─┤├─ (−극)(+극)	─╱ ─	─┤├─
전구	저항기	모터
─Ⓢ─	─◠◡◠─	─Ⓜ─
전류계	전압계	검류계
─Ⓐ─	─Ⓥ─	─Ⓖ─

옴의 법칙 계산

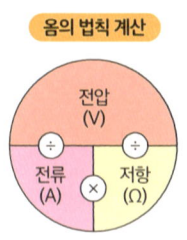

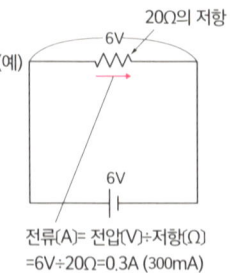

(예)

20Ω의 저항

6V

6V

전류〔A〕= 전압〔V〕÷저항〔Ω〕
=6V÷20Ω=0.3A (300mA)

전류의 단위로는 〔mA〕가 쓰일 때도 많아요. 1A=1000mA입니다

같은 굵기, 길이일 때 저항   은 < 구리 < 금 < 알루미늄 < 철

작다 ⟵ 저항 ⟶ 크다

📗 저항의 크기는 같은 금속이면 그 금속선의 길이에 비례하며 단면적에는 반비례한다.

37

전구가 전부 직렬로 연결되어 있고 모든 전구가 켜진 상태에서 전구 1개가 꺼지면 어떻게 되나요?

반짝

정답

문제

직렬 회로에서 전구 1개가 꺼지면 다른 전구는 어떻게 될까?

전구 1개가 꺼지면 모든 전구가 꺼져요.

해설

여러 개의 전구나 전열선을 전류가 흐르는 길이 한 줄이 되도록 연결한 회로를 **직렬 회로**라고 합니다. 전류가 흐르는 길이 한 줄이기 때문에 전구 1개가 꺼지면 전류가 흐르지 않아서 모든 전구가 꺼지고 말아요. 한편 전류가 흐르는 길이 2줄 이상이 되도록 연결한 회로를 **병렬 회로**라고 합니다. 직렬 회로와 병렬 회로는 전원의 전압이 걸리는 방식에 차이가 있어요.

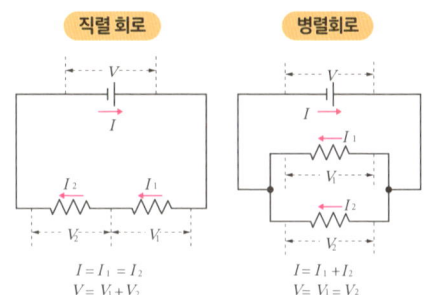

직렬 회로
$$I = I_1 = I_2$$
$$V = V_1 + V_2$$

병렬회로
$$I = I_1 + I_2$$
$$V = V_1 = V_2$$

- -

직렬 회로 전류가 흐르는 길이 한 줄인 회로.

병렬 회로 전류가 흐르는 길이 2줄 이상인 회로.

직렬 회로의 전압이 걸리는 방식 $V = V_1 + V_2$

병렬 회로의 전압이 걸리는 방식 $V = V_1 = V_2$

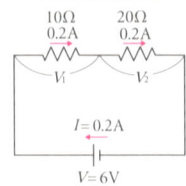

직렬 회로의 예

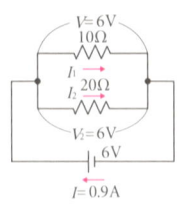

병렬 회로의 예

각 저항에 걸리는 전압을 알면 옴의 법칙으로 각 저항에 흐르는 전류의 크기도 계산할 수 있어요

전체의 저항 $R = 10Ω + 20Ω = 30Ω$
$I = 6V \div 30Ω = 0.2A$
$V_1 = 0.2A \times 10Ω = 2V$
$V_2 = 0.2A \times 20Ω = 4V$

$V_1 = V_2 = 6V$
$I_1 = 6V \div 10Ω = 0.6A$
$I_2 = 6V \div 20Ω = 0.3A$
$I = 0.6A + 0.3A = 0.9A$

직렬 회로의 경우 회로 전체의 저항을 R이라고 하면, $R = r_1 + r_2$. 병렬 회로의 경우 회로 전체의 저항을 R이라고 하면, $\frac{1}{R} = \frac{1}{r_1} + \frac{1}{r_2}$이 성립한다.

전자레인지 등에 표기되어 있는 '1000W'나 '500W'의 'W'는 무엇인가요?

정답

문제
전자레인지 등에 있는 'W'는 무엇일까?

그 전기 제품이 1초 동안 만들어내는 에너지의 단위를 나타냅니다.

해설

전기 제품 등이 1초당 만들어내는 에너지를 전력이라고 하며 단위는 **와트(W)**를 사용합니다. 이를테면 500W의 전자레인지로 30초 동안 데워야 하는 음식은 1000W의 전자레인지라면 15초 만에 데울 수 있어요.

소비 전력 표시

드라이기

100V 1000W

100V의 전압을 가했을 때 전력 1000W를 만들어낸다

※ 드라이기에 흐르는 전류=1000W÷100V=10A

전력〔W〕 전기 제품 등이 1초 동안 만들어내는 에너지
　공식 전력〔W〕= 전류〔A〕× 전압〔V〕
전력량〔J〕〔Wh〕 전기 제품이 어느 시간 동안 만들어낸 에너지.
　공식 전력량〔J〕= 전류〔A〕× 전압〔V〕× 시간〔s〕= 전력〔W〕× 시간〔s〕
　전력량〔Wh〕= 전류〔A〕× 전압〔V〕× 시간〔h〕= 전력〔W〕× 시간〔h〕

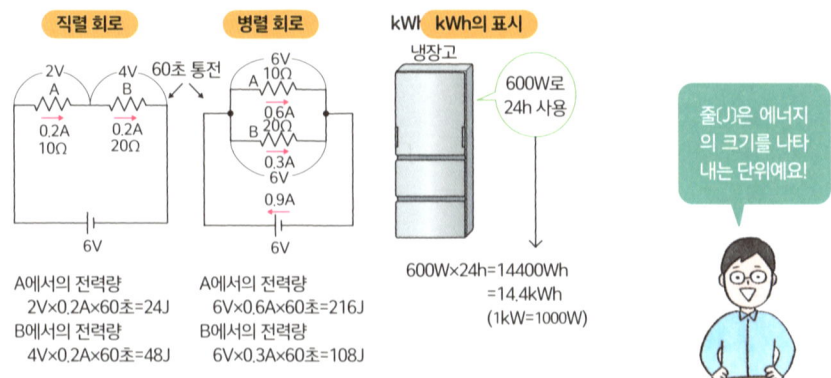

직렬 회로

2V A
4V B
60초 통전
0.2A 10Ω
0.2A 20Ω
6V

A에서의 전력량
2V×0.2A×60초=24J
B에서의 전력량
4V×0.2A×60초=48J

병렬 회로

6V
A 10Ω
0.6A
B 20Ω
0.3A
6V
0.9A
6V

A에서의 전력량
6V×0.6A×60초=216J
B에서의 전력량
6V×0.3A×60초=108J

kWh **kWh의 표시**
냉장고
600W로 24h 사용

600W×24h=14400Wh
=14.4kWh
(1kW=1000W)

줄(J)은 에너지의 크기를 나타내는 단위예요!

📗 전력(W)의 단위는 〔J/s〕로 표현할 수도 있다.

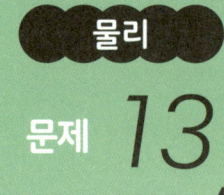

과자 봉투 등에 쓰여 있는
'OOkcal'의 'cal'은 무엇인가요?

정답

문제
'cal'는 무엇을 표시하는 단위일까?

줄〔J〕과 마찬가지로 열과 같은 에너지의 크기를 나타내는 단위입니다.

해설

1칼로리〔cal〕란 물 1g을 1℃ 높이는 데 필요한 열량(에너지)을 말해요. 열은 전기나 빛 등과 같은 에너지의 일종이지요. 'cal'는 줄〔J〕과 마찬가지로 에너지의 크기를 나타내는 단위이며 1cal=약 4.2J입니다.

· ·

1cal란   물 1g을 1℃ 높이는 데 필요한 열량. 1kcal = 1000cal.
　공식 물이 얻은 열량〔cal〕= 물의 질량〔g〕× 상승 온도〔℃〕
전열선으로 물을 데울 경우
　공식 전열선에서 발생한 열량〔J〕= 전류〔A〕× 전압〔V〕× 시간〔s〕
실제로는 전열선에 발생한 열의 일부가 물의 온도를 상승시키는 데 쓰이므로 '물이 얻은 열량 < 전열선에서 발생한 열량'이 된다.
〔cal〕와 〔J〕의 관계   둘 다 에너지의 단위. 1cal=약 4.2J.

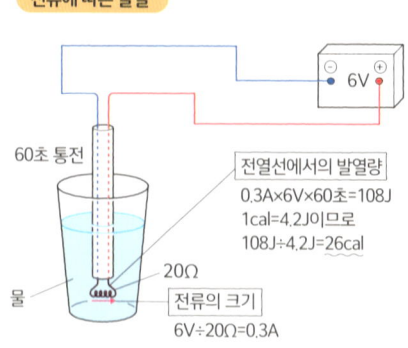

물이 얻은 열량

20℃
물 100g

40℃
물 100g

물이 얻은 열량〔cal〕
= 100g×(40℃-20℃)=2000cal

전류에 따른 발열

6V

60초 통전

전열선에서의 발열량
0.3A×6V×60초=108J
1cal=4.2J이므로
108J÷4.2J=26cal

20Ω

전류의 크기
6V÷20Ω=0.3A

물

🟢 전열선에서 발생한 열은 용기의 온도를 높이는 데에도 사용된다.

43

태양광 발전은 어떻게 전기를 만들어내나요?

하아~
따끈따끈해~

정답

태양광 발전은 어떻게 전기를 만들어낼까?

빛이 닿으면 전기를 띠기 쉬운 반도체 두 종류(p형과 n형)를 조합한 태양광 패널에 태양광을 비추어 직접 전기 에너지를 만들어내요.

해설

태양광 발전은 태양광 패널에 태양광을 직접 비추어 전기 에너지를 만들어냅니다. 이 발전 방법은 구조가 단순하고, <u>자연 에너지를 이용하기 때문에 고갈될 염려가 없다</u>는 장점이 있지요. 하지만 날씨에 따라 발전량에 영향이 생긴다는 단점도 있어요.

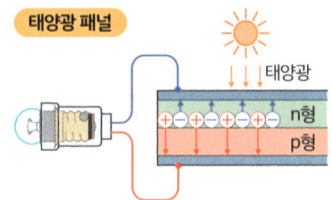

태양광 발전 반도체 두 종류(p형과 n형)를 조합해서 빛을 비추면 각각 +와 −의 전기를 띤다. 이렇게 전기를 발생시킨다.

- **① 장점:** 자연 에너지를 이용하므로 고갈되지 않는다, 이산화탄소 등의 물질을 발생시키지 않는다, 구조가 단순하다…… 등.
- **① 단점:** 매우 넓은 땅이 필요하다, 날씨에 쉽게 좌우된다, 비용이 비싸다…… 등.

에너지의 변환 빛, 소리, 열, 전기 등의 에너지는 다른 에너지로 변환할 수 있다.
  예 태양광 발전 : 빛에너지 → 전기 에너지

화력 발전은 화석 연료를 대량으로 소비하기 때문에 이산화탄소의 배출량이 많아요

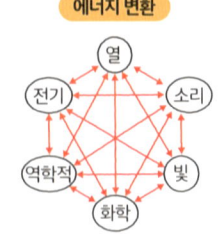

에너지 변환

그 외에도 자연을 이용하는 발전으로는 풍력 발전, 지열 발전 등이 있다.

번개는
왜 발생하나요?

정답

 문제

번개가 발생하는 이유는?

구름 속에 존재하는 얼음 알갱이끼리 서로 부딪쳐서 구름 하부가 −전기를 띠고 지표면이 +전기를 띠어 공기가 전기의 힘을 더는 견디지 못하게 되었을 때 방전하기 때문이에요.

해설

두 물체를 맞비비면 서로 +와 −의 전기를 띠는 경우가 있습니다. 이 전기를 **정전기**라고 하며 뇌운 속에서 얼음 알갱이끼리 서로 부딪치면 정전기가 발생하지요. 구름 하부는 −전기를 띠기 때문에 그 부분을 향하는 지표면은 +전기를 띱니다. 전기가 커지면 서로 끌어당겨 공중에 전기가 흐르는데 이것이 번개입니다.

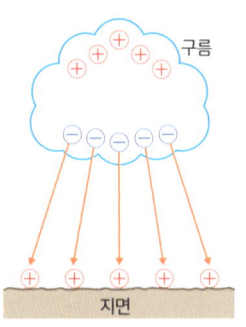

- -

정전기   물체끼리 서로 비볐을 때 발생하는 전기. +전기를 잘 띠는 물체와 −전기를 잘 띠는 물체가 있다. +전기와 -전기는 서로 끌어당긴다.

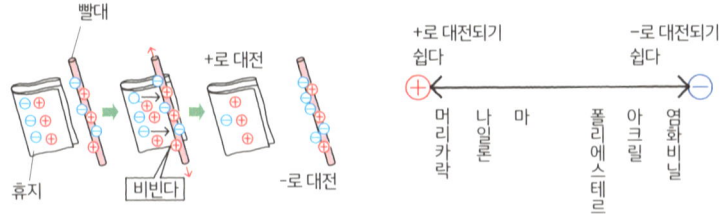

공중 방전   공기 중에 전기가 흐른다(전자가 흐른다).

음극선   −극 쪽에서 +극 쪽으로 전자가 공중에 흐르는 것.

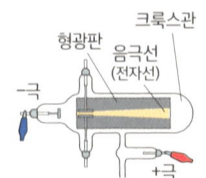

🌿 물체가 +나 -로 전기를 띠는 상태를 '물체가 대전한다'라고 한다.

흩뿌린 철가루 위에 자석을 놓을 때 '선'이 생기는 이유는 무엇인가요?

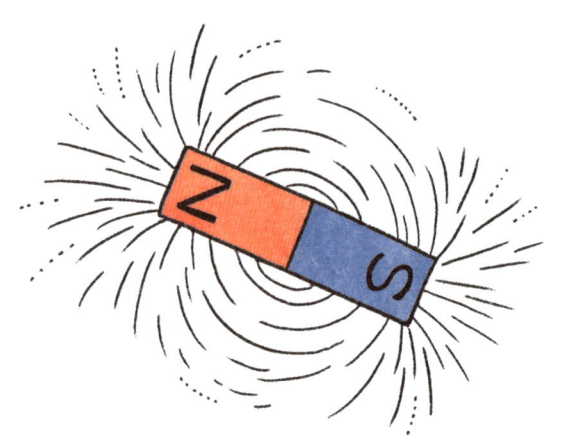

정답

문제

철가루 위에 자석을 놓으면 선이 생기는 이유는?

자석에서 드나드는 자기력선을 따라 철가루가 움직이기 때문이에요.

해설

자석에는 N극과 S극이 있으며 **N극에서 나와 S극으로 들어가는 자기력선**(눈에는 보이지 않아요!)이 발생합니다. 자기력선은 화살표로 표시하며 나침반을 자석 근처에 놓으면 자기력선의 화살표 방향을 따라 나침반의 N극이 그 방향을 가리키지요. 전류가 도선을 통해 흐를 때 그 주변에 동심원 모양으로 자기력선이 생겨요.

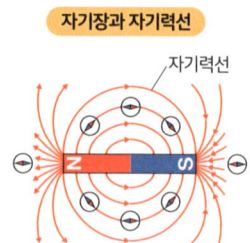
자기장과 자기력선
자기력선

- -

자기장 자기력이 작용하는 공간.

자기력선 자석의 N극에서 나와 S극으로 들어간다.

전류와 자기장 전류가 도선을 흐르면 그 주변에 자기장(자기력선)이 발생한다.

오른나사 법칙 직선 전류 위에 생기는 자기장(자기력선)의 법칙.

전자석 코일의 에나멜선에 전류가 흐를 때 자기장이 발생해서 자석이 된다. 전자석의 자기력과 에나멜선을 감는 횟수, 에나멜선에 흐르는 전류의 크기는 각각 비례한다.

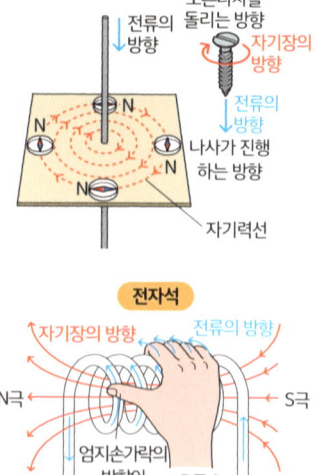
오른나사 법칙
전류의 방향
오른나사를 돌리는 방향
자기장의 방향
전류의 방향
나사가 진행하는 방향
자기력선

전자석
자기장의 방향
전류의 방향
N극
S극
엄지손가락의 방향이 N극의 방향
오른손

전자석의 극을 바꾸려면 전류의 방향을 바꾸면 됩니다!

🟩 리니어 모터카 등은 N극과 S극을 교체할 수 있는 전자석을 이용한다.

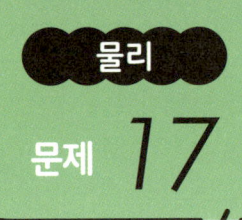

스피커는 어떤 구조로
소리가 나오나요?

정답

문제
스피커는 어떤 구조로 소리가 나올까?

전류가 외부의 자기장에서 받는 힘을 이용해 콘지(paper cone)를 진동시켜 소리를 만들어내요.

해설

전류는 외부 자기장에서 힘을 받습니다. 받는 힘의 방향은 왼손 엄지, 검지, 중지를 각각 수직으로 폈을 때 중지의 방향을 전류의 방향, 검지의 방향을 외부 자기장의 방향에 맞추면 엄지손가락의 방향으로 전류가 힘을 받습니다(**플레밍의 왼손 법칙**). 스피커는 전류가 외부 자기장에서 받는 힘을 이용해요.

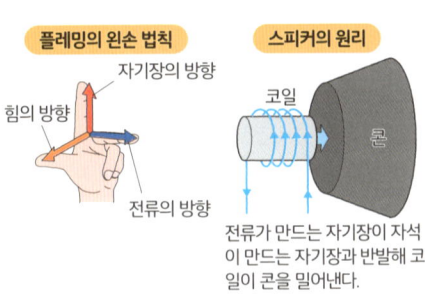

전류가 만드는 자기장이 자석이 만드는 자기장과 반발해 코일이 콘을 밀어낸다.

전류가 외부 자기장에서 받는 힘　전류가 흐르는 도선이나 도체 막대는 외부 자기장에서 힘을 받는다.

플레밍의 왼손 법칙　왼손의 중지, 검지, 엄지를 서로 수직으로 폈을 때 중지의 방향을 전류의 방향, 검지의 방향을 자기장의 방향에 맞추면 엄지의 방향은 전류가 외부 자기장에서 받는 힘의 방향이 된다.

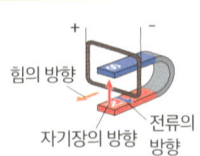

> 코일 모터도 전류가 외부 자기장에서 받는 힘을 이용해요

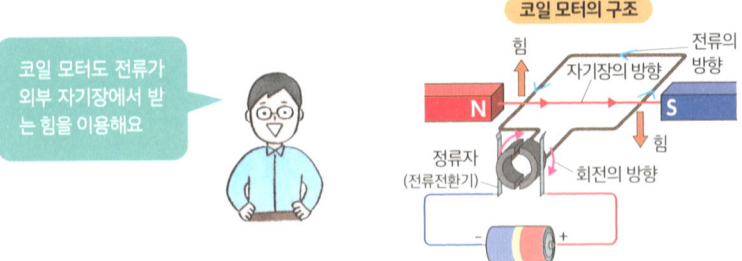

🍃 전류가 외부에서 받는 힘은 외부 자기장과 전류가 만드는 자기장이 서로 약화시키는 방향으로 힘이 작용한다.

수동 발전기의
손잡이를 돌리면
왜 전류가 흐르나요?

전지가
안 들어
있는데?

정답

수동 발전기의 손잡이를 돌리면 왜 전류가 흐를까?

코일 안을 통과하는 외부 자기장을 변화시켜서 전류를 만드는 전자기 유도를 이용하기 때문이에요.

해설

코일에 영구 자석을 가까이 대면 코일 안을 통과하는 자기력선의 수가 증가합니다. 그 증가를 방해하는 방향으로 코일이 자기장을 만들어내고 그 결과 코일에 전류가 흐르지요. 이 현상을 **전자기 유도**라고 하며 수동 발전기 등은 전자기 유도를 이용해서 전류를 만들어내요.

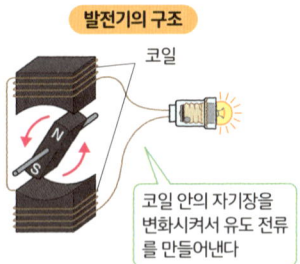

발전기의 구조

코일

코일 안의 자기장을 변화시켜서 유도 전류를 만들어낸다

전자기 유도　코일 안을 통과하는 자기력선의 수가 증감하면 이를 방해하는 방향으로 코일이 자기장을 만들어내서 코일에 전류가 흐른다.

유도 전류　전자기 유도로 흐르는 전류.

직류　전원의 +극에서 −극으로 정해진 방향으로 흐르는 전류.

교류　전류의 방향이 끊임없이 변하는 전류.

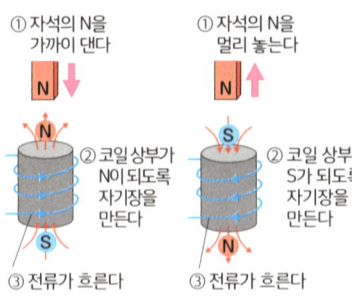

전자기 유도의 원리

① 자석의 N을 가까이 댄다

② 코일 상부가 N이 되도록 자기장을 만든다

③ 전류가 흐른다

① 자석의 N을 멀리 놓는다

② 코일 상부가 S가 되도록 자기장을 만든다

③ 전류가 흐른다

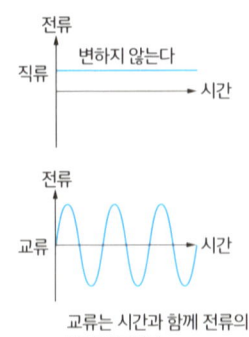

전류

직류

변하지 않는다

시간

전류

교류

시간

교류는 시간과 함께 전류의 방향이 변한다

유도 전류는 코일 안을 통과하는 외부에서 들어온 자기력선의 수가 변할 때만 흐릅니다. 변화가 없으면 전류는 흐르지 않아요!

📗 가정용 콘센트의 전원은 교류 전원이다.

우주 공간에서
물체에 가만히 힘을 가하면
어떤 운동을 하나요?

정답

우주 공간에서 물체에 가만히 힘을 가하면 어떻게 될까?

일정한 속도로 등속직선운동을 해요.

해설

운동하는 물체에 힘이 가해지지 않을(합력이 0) 때 그 물체는 일정한 속도로 직선운동을 합니다. 이를 **등속직선운동**이라고 하며 마찰이 없는 평면 위에 있는 물체의 운동 등이 이 운동에 해당해요.

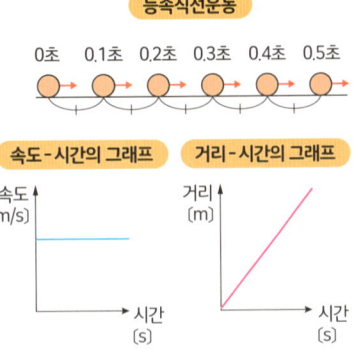

등속직선운동

0초 0.1초 0.2초 0.3초 0.4초 0.5초

속도-시간의 그래프

속도 (m/s)

시간 (s)

거리-시간의 그래프

거리 (m)

시간 (s)

등속직선운동 운동하는 물체에 힘이 가해지지 않을 경우(합력이 0) 그 물체는 일정한 속도로 계속 직선운동을 한다(정지한 경우를 제외한다).

평균 속도와 순간 속도

❶ **평균 속도(m/s)**: 물체의 이동 거리(m)÷이동에 필요한 시간(s)

❷ **순간 속도(m/s)**: 어느 시각의 물체 속도

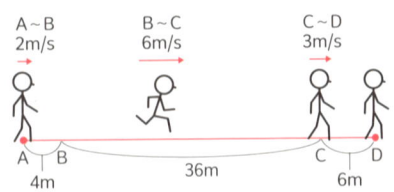

평균 속도와 순간 속도

A~B 2m/s

B~C 6m/s

C~D 3m/s

A B   36m   C D
4m   6m

A→D까지의 평균 속도
(4m+36m+6m)÷10s=4.6m/s
B~C의 순간 속도=6m/s
C~D의 순간 속도=3m/s

A~D까지 걸리는 시간
(4m÷2m/s)+(36m÷6m/s)
+(6m÷3m/s)=10s

등속직선운동을 하는 물체는 평균 속도와 순간 속도 모두 똑같아요!

✏️ 평균 속도는 처음 위치와 마지막 위치, 이동 시간으로 정해진다.

빗면 위에서 물체를
가만히 놓으면
왜 점점 가속하나요?

정답

문제
빗면 위에서 물체를 가만히 놓으면 가속하는 이유는?

물체에 작용하는 중력의 분력이
빗면 방향으로 작용하기 때문이에요.

해설

지구상에 존재하는 모든 물체에는 지구의 중심 방향으로 중력이 작용합니다. 기울기가 일정한 빗면 위에 있는 물체는 **중력의 분력이 빗면 아래쪽으로 작용하기 때문**에 물체는 일정한 비율로 가속해요. **빗면 방향에 작용하는 중력의 분력 크기는 기울기가 클수록 커지므로** 가속도(속도의 변화)도 커집니다.

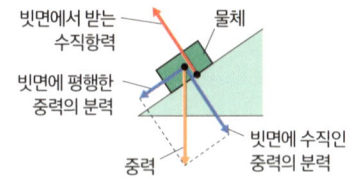

빗면 위의 물체에 작용하는 힘

빗면에 수직 방향으로 작용하는 중력의 분력 크기는 물체가 받는 수직항력의 크기와 똑같아요!

매끄러운 빗면 위의 물체에 작용하는 힘
중력과 수직항력이 작용한다.
빗면 위의 물체에 작용하는 중력의 분력
빗면 방향과 빗면에 수직인 방향으로 나뉜다.
일정한 비율로 가속하는 물체의 운동 예
빗면 위를 운동하는 물체, 물체를 가만히 놓았을 때의 낙하 운동, 마찰이 있는 평면 위에 물체의 운동
(감속 운동)

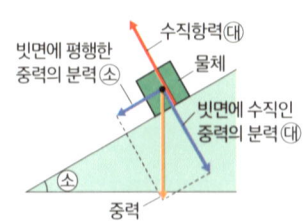

빗면의 기울기를 바꾸었을 때

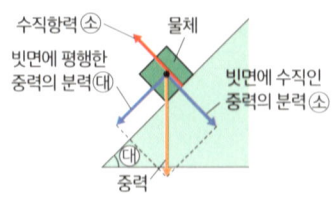

물체를 가만히 놓았을 때 물체의 운동을 특별히 '자유 낙하 운동'이라고 한다.

운전할 때 급브레이크를 밟으면 몸이 앞으로 밀리는 이유는 무엇인가요?

전철에서도 급정지하면 비틀거리는데 그 이유가 뭘까요?

문제
자동차 안에서 급브레이크를 밟으면 몸이 앞으로 밀리는 이유는?

자동차 안에 있는 사람은 브레이크를 밟기 전의 속도로 계속 운동하려고 하기 때문이에요.

해설

모든 물체는 외부에서 힘을 받지 않으면 등속직선운동, 또는 계속 정지하려고 하는 성질이 있어요. 이 성질을 '관성'이라고 하며 이 법칙을 '관성의 법칙'이라고 합니다. 자동차가 급브레이크를 밟아도 자동차 안에 있는 사람은 그때까지의 자동차 속도로 계속 운동하려고 하기 때문에 몸이 앞으로 밀리는 것처럼 느껴지는 거예요.

급브레이크

앞으로 힘을 받는다

. . . .

관성의 법칙　모든 물체는 외부에서 힘을 받지 않으면 그때까지의 운동(등속직선운동)을 하거나 정지한 상태를 그대로 유지한다.

관성력　주변에 있는 물체에 외부의 힘이 작용한 경우, 그 안에 있는 물체는 외부의 힘과 반대 방향으로 힘을 받는다. 이 힘을 관성력이라고 한다.

예　전철이 가속했을 때 손잡이가 움직인다. 엘리베이터가 위쪽으로 가속하면 안에 있는 사람에게 아래쪽으로 누르는 힘이 작용한다… 등

관성의 법칙 예

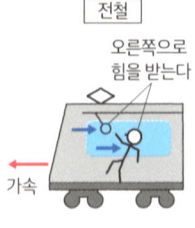

전철

오른쪽으로 힘을 받는다

가속

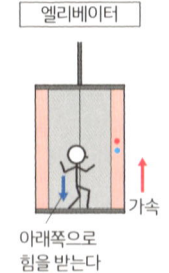

엘리베이터

가속

아래쪽으로 힘을 받는다

달마치기

계속 정지하려고 한다

전철의 속도가 일정해지면 손잡이가 한쪽으로 기울어지지 않아요

🟩 엘리베이터가 자유 낙하하는 운동을 하면 그 안에 있는 사람은 무중력으로 느낀다(무서워!).

노를 저으면 보트가 앞으로 나아가는 이유는 무엇인가요?

정답

노가 물에 힘을 가하면 노는 물에서 같은 크기로 반대 방향의 힘을 받기 때문이에요.

해설

물체 A와 B 사이에서 A가 B에 힘을 가하면 A는 B에서 같은 크기로 반대 방향의 힘을 받습니다. 이 힘을 **작용·반작용의 힘**이라고 해요. 작용·반작용의 힘은 떨어진 물체 사이에서도 작용합니다.

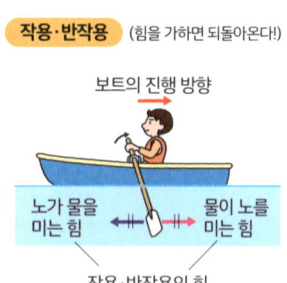

작용·반작용 (힘을 가하면 되돌아온다!)

보트의 진행 방향

노가 물을 미는 힘   물이 노를 미는 힘

작용·반작용의 힘

작용·반작용의 법칙   두 물체 사이에서 힘이 서로 미칠 때 그 두 힘은 방향이 반대며 크기가 같다.

작용·반작용의 예   벽을 힘을 가해 밀면 자신이 벽에서 반대 방향의 힘을 받는다, 자석 N극끼리는 서로 멀리하는 힘이 작용한다…… 등

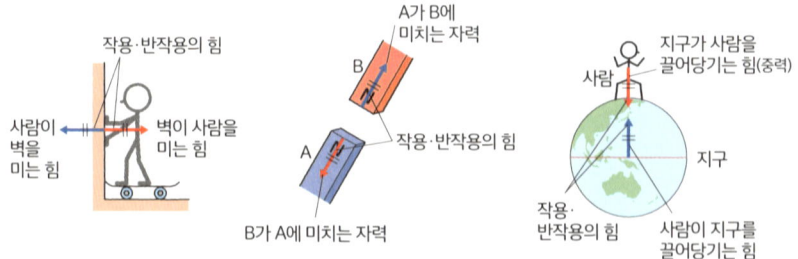

작용·반작용의 힘

사람이 벽을 미는 힘   벽이 사람을 미는 힘

A가 B에 미치는 자력

B

작용·반작용의 힘

A

B가 A에 미치는 자력

지구가 사람을 끌어당기는 힘(중력)

사람

지구

작용·반작용의 힘

사람이 지구를 끌어당기는 힘

지표면의 물체는 지구에서 중력을 받으면서 그와 동시에 같은 힘으로 지구를 끌어당겨요! (하지만 지구의 질량이 너무 큰 탓에 실감하지 못하지요……)

📗 '두 물체 사이에서 서로 미치는 힘'이 작용·반작용의 힘이며 균형을 이루는 힘과는 다르다.

물리

문제 23

물체를 놓는
위치가 높으면 높을수록
최저점에서의 속도가 왜 빨라지나요?

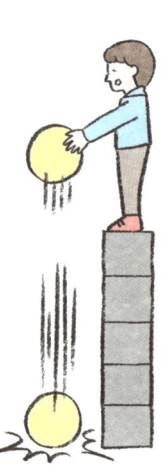

정답

문제

물체를 놓는 위치가 높을수록 최저점의 속도가 빨라지는 이유는?

물체가 가진 위치 에너지가 운동 에너지로 변환되기 때문이에요.

해설

높은 곳에 있는 물체가 갖고 있는 에너지를 **위치 에너지**라고 합니다. 물체를 높은 곳에서 떨어뜨리면 **위치 에너지의 일부가 운동 에너지로 변환되지요.** 운동 에너지란 속도를 갖는 물체의 에너지를 말하며, 물체의 위치 에너지와 운동 에너지의 합을 **역학적 에너지**라고 해요.

· ·

위치 에너지[J] 높이를 갖는 물체의 에너지.

　공식 위치 에너지[J] = 물체의 무게[N] × 기준면에 대한 물체의 높이[m]

운동 에너지[J] 속도를 갖는 물체의 에너지.

　공식 운동 에너지[J] = $\frac{1}{2}$ × 물체의 질량[kg] × (물체의 속도[m/s])^2

역학적 에너지[J] 물체의 위치 에너지 + 물체의 운동 에너지

역학적 에너지 보존 외부의 힘이 일하지 않는 한 물체의 역학적 에너지는 일정하게 보존된다.

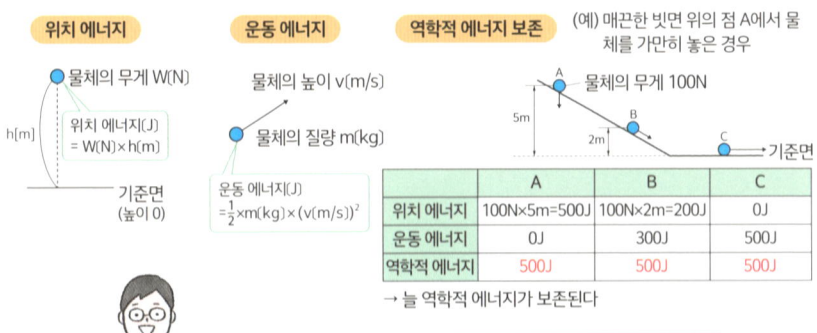

	A	B	C
위치 에너지	100N×5m=500J	100N×2m=200J	0J
운동 에너지	0J	300J	500J
역학적 에너지	500J	500J	500J

→ 늘 역학적 에너지가 보존된다

위치 에너지는 기준 면을 어디로 정하느냐에 따라 값이 달라져요

외부의 힘이란 공기 저항이나 마찰력 등을 말하며, 일(J)은 '물체에 가해지는 힘×그 방향으로 움직인 거리'를 말한다.
1초당 작업량을 작업률(W)이라고 한다.

문제 01

설탕을 강하게 가열하면 눌어붙는데 소금을 강하게 가열하면 어떻게 되나요?

푸딩의 캐러멜 소스는 설탕을 가열하면 만들 수 있어요

정답

소금을 강하게 가열하면 어떻게 될까?

소금은 가열해도 타지 않고, 약 800℃ 이상이 되면 녹아서 액체가 됩니다.

해설

설탕처럼 가열하면 타는 물질에는 탄소가 포함되어 있는데 소금처럼 **탄소가 포함되지 않은 물질은 가열해도 타지 않아요.**

설탕처럼 물질 속에 탄소(나 수소)가 포함된 물질의 대부분을 **유기물**, 소금(염화소듐)처럼 탄소가 포함되지 않은 물질을 **무기물**이라고 합니다.

. . . .

유기물 탄소나 수소가 포함되어 있어서 불에 태우면 **이산화탄소**와 **물**이 발생한다.

   예 설탕, 녹말, 밀랍, 알코올, 메탄, 플라스틱 등

무기물 유기물 이외의 물질을 말하며 탄소와 수소가 포함되어 있지 않다.

   예 염화소듐, 철, 구리와 같은 금속, 유리, 산소, 수소, 이산화탄소, 탄소 등

유기물＋산소 ━━━▶ 이산화탄소＋물
연소

유기물	무기물
설탕, 녹말, 밀랍, 에탄올, 메탄, 플라스틱 등	금속, 소금, 유리, 산소, 수소, 이산화탄소, 탄소 등

탄소나 이산화탄소는 탄소가 포함되어 있지만 무기물로 취급해요!

🔖 인간의 근육 등을 형성하는 단백질도 유기물 중 하나.

페트병의 본체는
물에 가라앉는데
뚜껑은 왜 물에 뜨나요?

둥실둥실

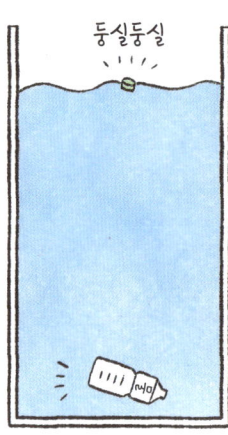

정답

문제

페트병의 본체는 물에 가라앉고 뚜껑은 떠오르는 이유는?

페트병의 본체는 물보다 밀도가 크지만, 뚜껑은 물보다 밀도가 작기 때문이에요.

해설

물체 1cm³의 질량을 **밀도**(g/cm³)라고 합니다. **물의 밀도**※는 1g/cm³입니다. 페트병 본체의 재질은 폴리에틸렌 테레프탈레이트(PET)이며 밀도는 약 1.38g/cm³로 물보다 크기 때문에 가라앉지요. 뚜껑의 재질은 폴리프로필렌(PP)이며 밀도는 약 0.90g/cm³로 물보다 작기 때문에 뜹니다.

※ 4℃ 물인 경우

플라스틱의 종류

폴리에틸렌	PE	물에 뜬다
폴리에틸렌 테레프탈레이트	PET	물에 가라앉는다 ── 페트병
폴리염화비닐	PVC	물에 가라앉는다
폴리스타이렌	PS	물에 가라앉는다
폴리프로필렌	PP	물에 뜬다 ── 페트병 뚜껑

밀도 물체 1cm³당 질량.

　　공식 밀도(g/cm³) = 물체의 질량(g) ÷ 물체의 부피(cm³)

눈금실린더 물체의 부피를 측정하는 기구.

윗접시저울 물체의 질량을 측정하는 기구.

여러 가지 물질의 밀도

물질	밀도
구리	8.96g/cm³
철	7.87g/cm³
알루미늄	2.7g/cm³
물(4℃)	1g/cm³
PET	1.38g/cm³
PP	0.9g/cm³

질량
÷　÷
부피 ⊗ 밀도

질량 ÷ 부피
(g)　(cm³)

눈금실린더

윗접시저울

팔　바늘　접시

조절 나사

수평인 부분을 읽는다
(눈대중으로 1/10 의 눈금까지 읽는다)

분동

'물체'는 그 크기와 모양 등에 착안한 표현이며 '물질'은 그 구조와 재질에 착안한 표현이에요

💧 식염수는 물보다 밀도가 크며 기름은 물에 뜨므로 물보다 밀도가 작다.

67

화학

문제 03

옥시돌을 상처에 바르면 생기는
거품의 정체는 무엇인가요?

옥시돌이 분해되어 산소가 발생해요.

해설

옥시돌은 **과산화수소**를 묽게 해서 3% 수용액으로 만든 액체입니다. **과산화수소는 이산화망간 등을 더하면 격렬하게 산소와 물로 분해됩니다.** 이 경우 몸속의 카탈라아제라고 하는 물질이 이산화망간과 같은 작용을 하기 때문에 거품(산소)이 발생하지요. 산소는 무색무취이고 물에 거의 녹지 않으며 같은 부피의 공기보다 조금 무거운 기체입니다.

기체의 성질

기체	산소	이산화탄소	수소	암모니아	염화수소
색·냄새	무색·무취			무색·자극취	
공기와의 무게※	1.1배	1.5배	0.08배	0.59배	1.3배
물에 녹는 정도	거의 녹지 않는다	조금 녹는다	거의 녹지 않는다	매우 잘 녹는다	매우 잘 녹는다

※ 부피가 같은 경우

여러 가지 기체의 제조법

❶ **산소의 제조법**: 과산화수소 → **산소**+물

❷ **이산화탄소의 제조법**: 염산+탄산칼슘 → **이산화탄소**+물+염화칼슘

❸ **수소의 제조법**: 염산+철 → **수소**+염화철 / 염산+아연 → **수소**+염화아연

❹ **암모니아의 제조법**: 염화암모늄+수산화칼슘 → **암모니아**+물+염화칼슘

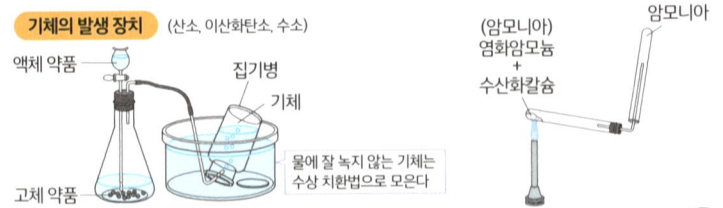

기체의 발생 장치 (산소, 이산화탄소, 수소)

액체 약품

집기병

기체

고체 약품

물에 잘 녹지 않는 기체는 수상 치환법으로 모은다

(암모니아) 염화암모늄 + 수산화칼슘

암모니아

이산화망간은 산소의 발생 속도를 빠르게 하는 효과가 있으며, 이산화망간 자체는 변하지 않아요. 이런 작용을 하는 물질을 촉매라고 해요.

 염소처럼 유색 기체도 존재한다(염소는 황록색).

물이 든 컵에 각설탕을 넣은 후 섞지 않고 잠시 방치하면 단맛이 나는 것은 위쪽인가요, 아래쪽인가요?

문제

물이 든 컵에 각설탕을 넣어서 방치하면 위쪽과 아래쪽 중 어느 쪽이 달아질까?

전체가 똑같이 달아져요.

해설

각설탕을 물에 넣으면 녹아서 뒤섞지 않아도 **설탕 입자가 균일하게 흩어져** 농도가 같아집니다. 물에 물질이 녹은 액체를 **수용액**이라고 해요. 수용액은 **투명하고 농도가 같으며 장시간 방치해도 분리되지 않는** 성질이 있답니다.

· ·

수용액의 성질

❶ **투명하다**(반드시 무색이라고 할 수는 없다).

❷ **농도가 같다.**

❸ **장시간 방치해도 분리되지 않는다.**

❹ **여과해도 녹은 물질을 골라낼 수 없다.**

여과

액체와 고체를 분리하는 조작.

유리막대
깔때기
거름종이
거른 액체
거름 받침

용질: 용액에 녹은 물질.

용매: 용질을 녹이는 액체.

용액: 용매에 용질이 녹은 것.

용액(g) = 용매(g) + 용질(g)

$$용액의\ 농도(\%) = \frac{용질의\ 질량(g)}{용액의\ 질량(g)} \times 100$$

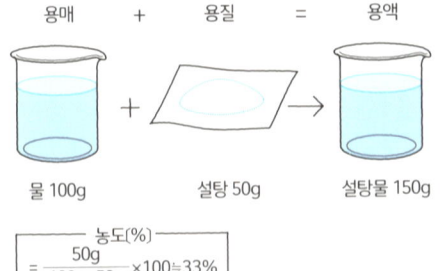

용매 + 용질 = 용액

물 100g   설탕 50g   설탕물 150g

$$농도(\%) = \frac{50g}{100g+50g} \times 100 ≒ 33\%$$

용매가 물인 경우 그 용액을 '수용액'이라고 해요

👉 용액 속에 덜 녹은 물질이 있는 경우, 덜 녹은 물질의 질량은 용액의 질량에 포함하지 않는다.

문제 05

'포화수용액'은
어떤 수용액인가요?

녹아라~   녹아라~

정답

용질이 더 이상 녹을 수 없는 **수용액을 말해요.**

해설

물 100g에 녹는 물질의 최대량〔g〕을 물질의 **용해도**라고 합니다. 용해도는 물질이나 온도에 따라 달라지지요. **물질이 한계까지 녹은 수용액을 포화수용액**이라고 해요.

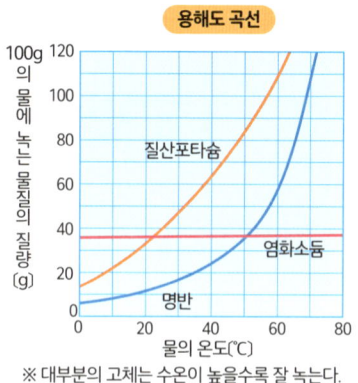

용해도 곡선

※ 대부분의 고체는 수온이 높을수록 잘 녹는다.

용해도 물 100g에 녹는 물질의 최대량〔g〕.

용해도 곡선 물질에 따라 그래프의 모양은 다르지만 대부분의 고체 물질은 액체의 온도가 높을수록 용해도가 커진다. ※ 예외 있음

물의 양과 녹는 물질의 양 액체의 온도가 같을 때, 물의 양과 녹는 물질의 최대량은 비례한다.

포화수용액 더 이상 녹일 수 없는 수용액. 물질을 물에 녹였는데 그 물질이 덜 녹아 남은 단계에서 그 침전물 위에 생긴 맑은 물이 포화수용액이다.

물의 양과 물질이 녹는 양

염화소듐
10℃ 물 100g → 35.6g까지 녹는다

×2   ×2

10℃ 물 200g → 71.2g까지 녹는다

포화수용액

포화수용액

덜 녹은 물질

※ 이산화탄소와 같은 기체나 수산화칼슘 등은 액체의 온도가 낮을수록 용해도가 커지는 성질이 있어요.

설탕은 0℃의 물 100g에 100g 이상 녹일 수 있다.

드라이아이스 주변에
'흰 연기'가 생기는 이유는
무엇인가요?

공기 중에 있는 수증기가 식어서 물방울이 되었기 때문에요.

해설

드라이아이스는 약 -79℃ 이하이며 **주변 공기 중에 있는 수증기(기체)는 드라이아이스에 식어서 눈에 보이는 물방울(액체)이 됩니다.** 이것이 흰 연기의 정체예요.

> 드라이아이스는 이산화탄소가 고체가 된 것이에요. 상온에서 방치해 놓으면 기체인 이산화탄소가 되어 보이지 않게 됩니다.

물질의 상태 변화

물질에는 '**고체**', '**액체**', '**기체**'의 상태가 있으며 이를 물질의 삼태라고 한다. 열이 드나들며 '**고체**'⇆'**액체**', '**액체**'⇆'**기체**', '**고체**'⇆'**기체**'의 상태 변화가 일어난다. 드라이아이스 주변의 '흰 연기'는 '기체(수증기)'→'액체(물)'의 상태 변화로 생긴 것.

액화와 승화   상태 변화 중에서도 '기체'→'액체'의 상태 변화를 액화라고 하며, '고체'⇆'기체'의 상태 변화를 승화라고 한다.

이슬   공기 중의 수증기(기체) → 물방울(액체)의 상태 변화로 생긴다.

안개   공기 중의 수증기(기체) → 물방울(액체)의 상태 변화로 생긴다.(지표 부근)

서리   공기 중의 수증기(기체) → 얼음 입자(고체)의 상태 변화로 생긴다.

서릿발   땅속의 물(액체) →얼음 입자(고체)의 상태 변화로 생긴다.

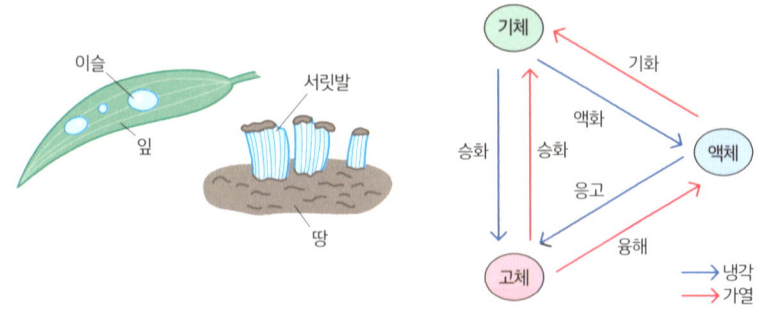

물의 상태 변화에서는 액체(물)가 고체(얼음)로 변할 때 부피는 커진다(일반적인 물질은 작아진다).

레드 와인을 가열해 발생하는 증기를 식혀서 생긴 액체는 무슨 색인가요?

이히히히히

정답

레드 와인을 가열해서 나오는 증기를 식혀서 생긴 액체는 무슨 색일까?

무색투명한 색이에요.

해설

레드 와인에 들어 있는 **에탄올은 약 78℃에서 끓고 물은 100℃에서 끓습니다.** 에탄올과 물의 혼합물을 가열하면 **에탄올이 먼저 기체가 되고** 식히면 무색투명한 에탄올이 주성분인 액체가 되지요. 잠시 후 액체의 온도가 100℃ 부근이 되면 물도 팔팔 끓고 나오는 증기를 식히면 물이 주성분인 액체가 됩니다.

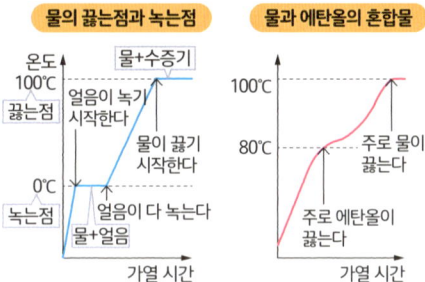

물의 끓는점과 녹는점

물과 에탄올의 혼합물

끓는점 액체가 끓기 시작하는 온도.

녹는점 고체가 액체가 되기 시작하는 온도.

증류 액체를 가열해 끓였을 때 나오는 증기를 식혀서 액체로 만드는 조작. 끓는점이 다른 액체를 혼합물에서 각각 분리할 수 있다.

증류 장치

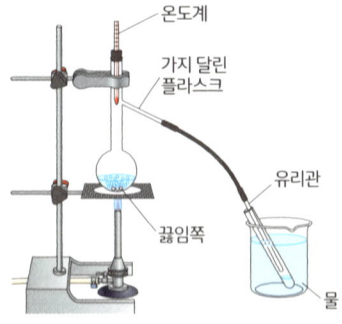

온도계
가지 달린 플라스크
유리관
끓임쪽
물

여러 가지 물질의 끓는 점과 녹는점

물질명	녹는점	끓는점
물	0℃	100℃
에탄올	-115℃	78℃
산소	-218℃	-183℃
소금	801℃	1413℃
철	1536℃	2863℃

물질을 가열하는데 순수한 물질이 녹는점, 끓는점에서 온도가 잠시 변하지 않는 것은 열이 상태 변화에 사용되기 때문이에요!

📘 석유 정제에도 증류가 쓰인다.

빵 반죽에
'베이킹파우더'를 넣고 가열하면
왜 부풀어 오르나요?

몽실몽실하니
맛있겠다

정답

문제

빵 반죽에 베이킹파우더를 넣고 가열하면 왜 부풀어 오를까?

베이킹파우더에 들어 있는 탄산수소소듐의 열분해로 이산화탄소가 발생하기 때문이에요.

해설

베이킹파우더에 들어 있는 **탄산수소소듐은 가열하면 열분해를 일으켜서 이산화탄소와 물과 탄산소듐으로 분해**됩니다. 그때 발생한 이산화탄소가 외부로 나가려고 하기 때문에 빵 반죽이 몽실몽실 부풀어 올라요.

• •

분해 한 물질이 두 개 이상의 물질로 나뉘는 반응

❶ **열분해**: 물질에 열을 가하면 분해 반응을 일으킨다.

   예 탄산수소소듐(흰색) → 탄산소듐(흰색)+물+이산화탄소

      산화은(검은색) → 은+산소

❶ **전기 분해**: 물질에 전기를 통과시켜서 분해 반응을 일으킨다.

   예 물의 전기 분해   물 → 산소+수소(양극에 산소, 음극에 수소가 발생한다. 부피비 1:2)

탄산수소소듐의 열분해

탄산수소소듐 → 탄산소듐

이산화탄소

물

물

물의 전기 분해

수소가 발생

산소가 발생

물에 수산화소듐을 조금 녹인 것

전극

전극

음극

양극

전원 장치

탄산수소소듐은 물에 잘 녹지 않으며 약염기성을 나타냅니다. 탄산소듐은 물에 잘 녹아서 강한 염기성을 보여주지요.

✎ 물을 전기 분해할 때는 전기가 쉽게 통과하도록 수산화소듐을 조금 녹인다.

'원자'는 무엇인가요?

정답

원자란 무엇일까?

물질을 구성하는 가장 작은 입자입니다.

> **해설**

모든 물질은 **원자**에서 생기며 원자는 100종류가 넘습니다.
산소와 수소, 물처럼 여러 원자가 결합해 한 개의 성질을 나타내는 최소 단위를 **분자**라고 해요. 물질 안에는 분자를 만드는 것과 만들지 않는 것이 있습니다. 또한 물질을 구성하는 각각의 원자를 **원소**라고 합니다.

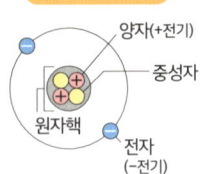

헬륨 원자의 구조

- 양자(+전기)
- 중성자
- 원자핵
- 전자(−전기)

원자의 구조   원자핵과 그 주변을 운동하는 전자로 성립한다.

❶ **원자핵**: +전기를 가진 양자와 전기가 없는 중성자가 있다(양자의 질량과 중성자의 질량은 거의 같다).

❷ **전자**: −전기를 가진 입자(전자의 질량은 중성자의 1840분의 1).

원소기호   원자를 알파벳 1문자 또는 2문자로 표시한 것.

예 수소 원자 → H, 탄소 원자 → C, 철 원자 → Fe

분자를 만드는 물질과 분자를 만들지 않는 물질

❶ **분자를 만드는 물질**: 산소, 수소, 질소, 염소, 이산화탄소, 물, 암모니아 등

❷ **분자를 만들지 않는 물질**: 염화소듐, 수산화소듐, 철 등의 금속

여러 가지 원소기호

원소명	원소기호
수소	H
헬륨	He
탄소	C
질소	N
산소	O
염소	Cl
아르곤	Ar

원소명	원소기호
소듐	Na
마그네슘	Mg
알루미늄	Al
포타슘	K
칼슘	Ca
철	Fe
구리	Cu
은	Ag

분자를 만드는 물질

산소 분자   수소 분자   염소 분자   이산화탄소 분자   물 분자   암모니아 분자

분자를 만들지 않는 물질

염화소듐   수산화소듐   철 등의 금속

> 원자 1개가 갖는 양자의 수를 원자번호라고 하며 이것으로 원자의 종류가 정해집니다. 원자 1개가 가진 양자의 수는 원자 1개가 가진 전자의 수와 같아요!

📖 원자를 원자번호 순서대로 그 성질도 생각해서 규칙적으로 나열한 것을 주기율표라고 한다.

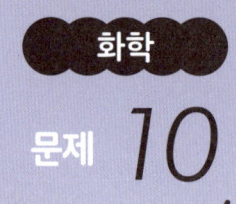

'홑원소 물질'과
'화합물'의
차이는 무엇인가요?

산소　　　수소　　　　　　이산화탄소　　물

Ag

은　　　　　　　　　　　염화소듐

?

산소, 수소, 은, 이산화탄소, 물, 염화소듐의 차이는 무엇일까요……?

홑원소 물질은 한 종류의 원소로 이루어진 물질, 화합물은 두 종류 이상의 원소로 이루어진 물질.

해설

물질은 전부 원자로 이루어져 있는데 산소, 수소, 철과 같이 **한 종류의 원소로 이루어진 물질을 홑원소 물질**이라고 하며, 이산화탄소, 물, 암모니아처럼 **두 종류 이상의 원소로 이루어진 물질을 화합물**이라고 해요.

물질의 분류 한 종류의 물질로 이루어진 것을 **순물질**, 두 종류 이상의 물질이 섞인 것을 **혼합물**이라고 한다. 순물질은 다시 **홑원소 물질**과 **화합물**로 분류된다.

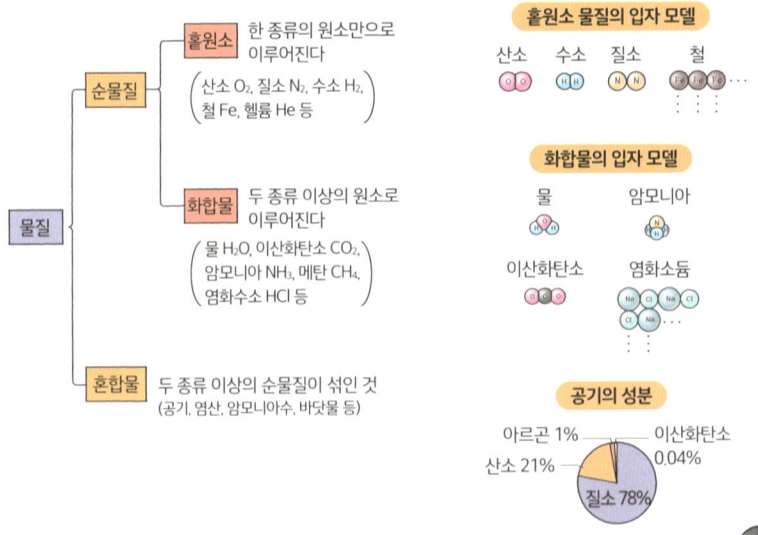

홑원소 물질과 화합물은 화학식으로 물질을 나타내면 구별하기 쉽다.

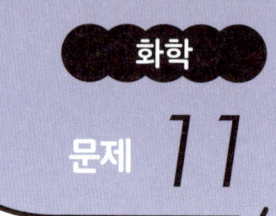
'화학 반응식'은
무엇을 나타내나요?

$$2H_2 + O_2 \rightarrow 2H_2O$$

정답

문제
화학 반응식은 무엇을 나타낼까?

반응 전의 물질과 반응 후에 생기는 물질을 화학식을 사용해서 표현해요.

해설

원소기호를 사용해서 물질을 나타낸 것을 화학식이라고 합니다. 화학식을 사용해 반응 전의 물질과 반응 후의 물질을 나타낸 식을 화학 반응식이라고 해요. 화학 반응식은 반응 전후에 원자의 종류와 수가 반드시 같아야 하므로 화학식 앞에 계수를 붙입니다.

화학 반응식

$$2H_2 \quad + \quad O_2 \quad \longrightarrow \quad 2H_2O$$
수소 + 산소 ⟶ 물

※ 반응 전후에 원자의 종류와 수에
　변화는 없다.

화학 반응(화학 변화)　어떤 물질에서 **다른 물질이 생기는 변화.** A+B → C+D와 같은 변화.

화학식　원소기호를 사용해서 **물질을 나타낸 것.**

화학 반응식　화학식을 사용해서 **반응 전후의 물질을 나타낸 식.** 반응 전후에 원자의 종류와 수는 반드시 같아야 한다.

여러 가지 화학식

산소	O_2	헬륨	He	수산화소듐	NaOH
수소	H_2	탄소	C	산화구리(II)	CuO
염소	Cl_2	이산화탄소	CO_2	산화마그네슘	MgO
철	Fe	물	H_2O	산화은	Ag_2O
구리	Cu	암모니아	NH_3	탄산수소소듐	$NaHCO_3$
아연	Zn	염화수소	HCl	황화철(II)	FeS
은	Ag	황산	H_2SO_4	염화구리(II)	$CuCl_2$

탄산수소소듐의 열분해

$$2NaHCO_3 \longrightarrow Na_2CO_3 + CO_2 + H_2O$$

산화은의 열분해

$$2Ag_2O \longrightarrow 4Ag + O_2$$

탄소의 연소

$$C + O_2 \longrightarrow CO_2$$

물 → 수증기와 같은 상태 변화는 '물리 변화'의 일종이므로 화학 반응(화학 변화)과는 별개예요!

🧹 화학 반응식은 '='이 아니라 '→'로 나타낸다.

공기 중에서 구리를 강하게 가열하면
왜 새카매지나요?

정답

공기 중에서 구리를 가열하면 왜 새카매질까?

구리가 공기 중의 산소와 결합해서
산화구리라는 다른 물질로 변했기 때문이에요.

해설

물질이 산소와 결합하는 변화를 <u>산화</u>라고 합니다. 구리, 철, 마그네슘을 공기 중에서 강하게 가열하면 각각 산화구리, 산화철, 산화마그네슘이 됩니다. 물질이 산화해서 생긴 것을 <u>산화물</u>이라고 하며, <u>산화물의 질량은 원래의 물질과 비교하면 결합한 산소의 질량만큼 커져요.</u>

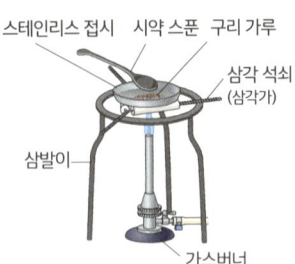

구리 가열 실험
스테인리스 접시 시약 스푼 구리 가루
삼각 석쇠 (삼각가)
삼발이
가스버너

산화 물질이 산소와 결합하는 반응.

산화물 산화로 생긴 물질. 원래의 물질과 다른 물질이다.

> **예** 구리(Cu)는 전기를 잘 통하고 광택이 있는데, 산화구리(CuO)는 전기가 잘 통하지 않고 광택이 없다.

금속의 산화

구리의 산화
$$2Cu + O_2 \rightarrow 2CuO \text{ (검은색)}$$
$$4g : 1g \quad : \quad 5g$$

마그네슘의 산화
$$2Mg + O_2 \rightarrow 2MgO \text{ (회백색)}$$
$$3g : 2g \quad : \quad 5g$$

탄소와 수소의 산화

탄소의 산화 (완전 연소)
$$C + O_2 \rightarrow CO_2 \text{ (기체)}$$
$$3g : 8g \quad : \quad 11g$$

수소의 산화
$$2H_2 + O_2 \rightarrow 2H_2O$$
$$1g : 8g \quad : \quad 9g$$

※ 이러한 물질 비는 외워 놓으면 편리하다.

물질이 열이나 빛을 내며 산소와 격렬하게 결합하는 산화를 연소라고 해요

🧽 탄소가 불완전 연소하면 인체에 유해한 일산화탄소가 발생한다.

오래된 구형 10원짜리 동전에 식초를 묻히면 반짝반짝해지는 이유는 무엇인가요?

정답

산화된 10원짜리 동전의 표면에서 산소를 잃어 원래의 금속이 되었기 때문이에요.

해설

산화물에서 산소를 잃는 반응을 **환원**이라고 해요. 이 경우 오래된 구형 10원짜리 동전에 포함된 구리는 산화해서 산화구리가 되었는데, 식초가 묻어서 산소를 잃고 환원되어 반짝반짝해진 거예요.

또한 원래의 산화물은 환원되고 산소를 잃었던 물질은 산화됩니다. 이처럼 **산화와 환원은 동시에 일어나요.**

· ·

환원 산화물에서 산소를 잃는 반응.

산화와 환원 산화와 환원은 동시에 일어난다(산화 환원 반응).

산화구리의 환원

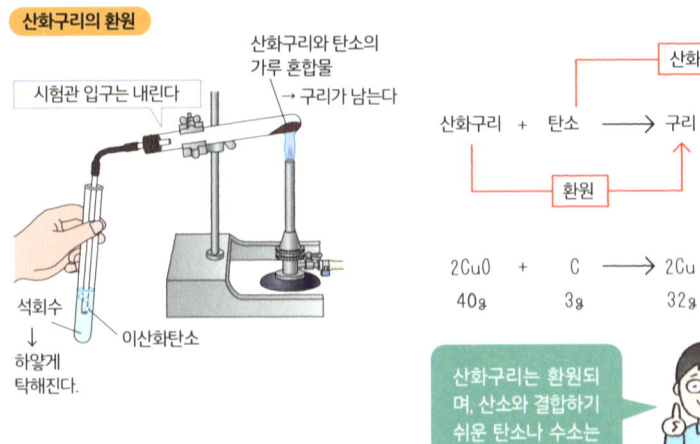

산화구리와 탄소의 가루 혼합물 → 구리가 남는다

시험관 입구는 내린다

석회수 ↓ 하얗게 탁해진다.

이산화탄소

산화

산화구리 + 탄소 ⟶ 구리 + 이산화탄소

환원

$2CuO$ + C ⟶ $2Cu$ + CO_2

40g　　3g　　32g　　11g

산화구리는 환원되며, 산소와 결합하기 쉬운 탄소나 수소는 산화됩니다

🧹 산화구리에 수소를 공급해 가열하면 구리와 물이 생긴다.

화학 변화 전후로
물질의 질량은 어떻게 변하나요?

정답

화학 변화 전후로 물질의 전체 질량은 변하지 않아요.

해설

'화학 변화 전후에 물질 전체의 질량은 변하지 않는' 법칙을 **질량 보존의 법칙**이라고 해요. 기체가 발생하는 화학 반응의 경우, 나간 기체의 질량만큼 반응 전보다 질량이 더 작아집니다. 그러나 밀폐용기 안에서 그 반응을 실행하면 발생한 기체는 갇혀 있으므로 **반응 전후의 전체 질량은 변하지 않아요.**

. . . .

질량 보존의 법칙   화학 변화 전후로 전체의 질량은 변하지 않는다(반응 전후에 원자의 종류나 수에 변화가 없기 때문).

예 $2Cu+O_2 \rightarrow 2CuO$ $2CuO+C \rightarrow 2Cu+CO_2$

$4g+1g \rightarrow 5g$ $40g+3g \rightarrow 32g+11g$

침전이 생기는 반응

예 황산 + 수산화바륨 → 물 + 황산바륨

H_2SO_4 + $Ba(OH)_2$ → $2H_2O$ + $BaSO4$ (흰색 침전)

기체가 발생하는 반응

예 탄산수소소듐 + 염화수소 → 염화소듐 + 물 + 이산화탄소

$NaHCO_3$ + HCl → NaCl + H_2O + CO2 (기체)

> 화력 발전은 화석 연료를 대량으로 소비하기 때문에 이산화탄소의 배출량이 많아요

침전이 생기는 반응

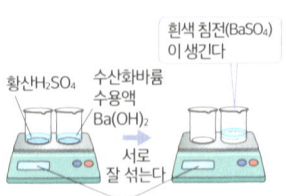

황산H_2SO_4 수산화바륨 수용액 $Ba(OH)_2$

흰색 침전($BaSO_4$)이 생긴다

서로 잘 섞는다

전체의 질량에 변화는 없다

기체가 발생하는 반응

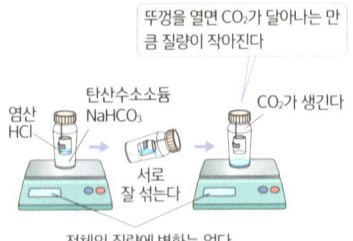

뚜껑을 열면 CO_2가 달아나는 만큼 질량이 작아진다

염산 HCl   탄산수소소듐 $NaHCO_3$ CO_2가 생긴다

서로 잘 섞는다

전체의 질량에 변화는 없다

기체 → 액체 등의 상태 변화에서도 질량은 보존된다(부피는 변한다).

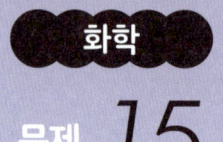
일회용 핫팩은
왜 따뜻해지나요?

따끈따끈해 ♪

핫팩

사실은 이것도 화학 반응
이 관련되어 있어요! 이해
되나요?

정답

 문제
일회용 핫팩은 왜 따뜻해질까?

핫팩 속의 철이 산화철이 될 때 발열 반응을 하기 때문이에요.

해설

일회용 핫팩 속에는 철가루, 식염수를 스며들게 한 돌가루, 활성탄 등을 섞은 것이 들어 있어요. **철가루가 공기에 닿으면** 공기 중의 **산소와 결합해서 산화철이 되면서 발열합니다.** 화학 반응에서 주위에 열을 방출하는 반응을 발열 반응이라고 해요.

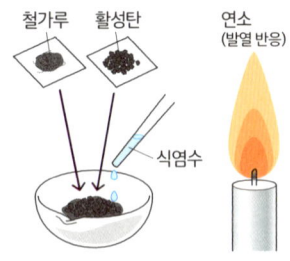

철+산소 → 산화철+ 열 발열 반응

....

발열 반응 주위에 열을 방출하는 반응(주위의 온도가 올라간다).

　예 철+산소 → 산화철+ 열

　　염화수소+수산화소듐 → 물+염화소듐+ 열 (중화 반응)

흡열 반응 주위에서 열을 흡수한다(주위의 온도가 내려간다).

　예 염화암모늄+수산화바륨+ 열 → 염화바륨+물+암모니아

화학 에너지 물질 자체가 갖는 에너지.

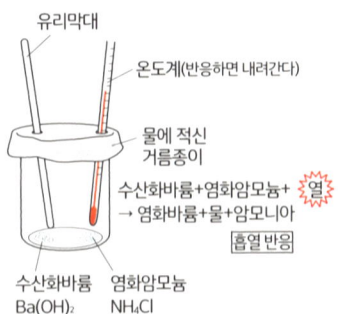

유리막대
온도계(반응하면 내려간다)
물에 적신 거름종이
수산화바륨+염화암모늄+ 열 → 염화바륨+물+암모니아
흡열 반응
수산화바륨　염화암모늄
$Ba(OH)_2$　NH_4Cl

산과 염기의 반응을 중화 반응이라고 하는데 중화 반응은 발열 반응이에요

📖 발열 반응은 반응 전 물질의 화학 에너지 합계보다 반응 후 물질의 화학 에너지 합계가 더 작다(흡열 반응은 그와 반대).

'이온'은
무엇인가요?

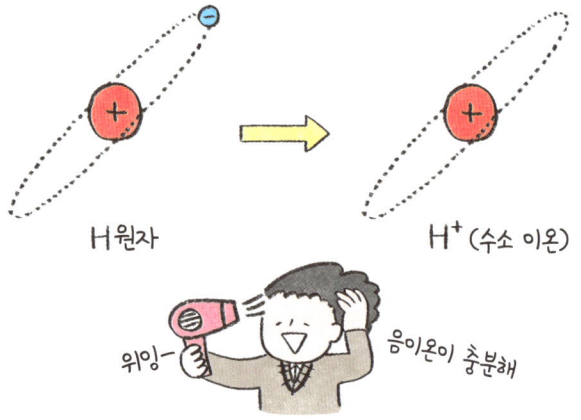

H원자

H⁺ (수소 이온)

위잉~

음이온이 충분해

정답

이온이란 무엇일까?

원자와 원자단※이 +나 −의 전기를 띤 것이에요.

※ 여러 원자가 집합한 하나의 단위

해설

원자에는 원자핵에 + 전기를 가진 **양자**가 있으며 그 주변에는 − 전기를 가진 **전자**가 있어요. 원자에서 전자가 나가면 그 원자는 **+ 전기를 띤 양이온**이 되며, 원자에 새로운 전자가 들어 오면 그 원자는 **−의 전기를 띤 음이온**이 됩니다.

. . . .

양이온   원자에서 전자가 나가며 + 전기를 띤 것.

    예 수소 이온 H^+, 포타슘 이온 K^+, 소듐 이온 Na^+, 칼슘 이온 Ca^{2+}, 마그네슘 이온 Mg^{2+}, 알루미늄 이온 Al^{3+}

음이온   원자에 새로운 전자가 들어와 − 전기를 띤 것.

    예 염화물 이온 Cl^-, 산화물 이온 O^{2-}, 황화물 이온 S^{2-}

다원자 이온   여러 원자가 모여서 전체적으로 전기를 띤 것.

    예 수산화물 이온 OH^-, 황산 이온 SO_4^{2-}, 질산 이온 NO_3^-, 아세트산 이온 CH_3COO^-, 탄산 이온 CO_3^{2-}, 암모늄 이온 NH_4^+

이온 결합   금속과 비금속으로 생긴 화합물은 양이온과 음이온이 서로 끌어당겨서 생긴다.

    예 $Na^+ + Cl^- \rightarrow NaCl$(염화소듐), $Mg^{2+} + 2Cl^- \rightarrow MgCl_2$(염화마그네슘)

단원자 이온

양이온		음이온	
$H \rightarrow H^+ + \ominus$	수소 이온	$Cl + \ominus \rightarrow Cl^-$	염화물 이온
$Na \rightarrow Na^+ + \ominus$	소듐 이온	$O + 2\ominus \rightarrow O^{2-}$	산화물 이온
$Mg \rightarrow Mg^{2+} + 2\ominus$	마그네슘 이온	$S + 2\ominus \rightarrow S^{2-}$	황화물 이온
$K \rightarrow K^+ + \ominus$	포타슘 이온	※ $\ominus$는 전자를 나타낸다	
$Ca \rightarrow Ca^{2+} + 2\ominus$	칼슘 이온		

다원자 이온

OH^-	수산화물 이온
NO_3^-	질산 이온
CH_3COO^-	아세트산 이온
SO_4^{2-}	황산 이온
CO_3^{2-}	탄산 이온
NH_4^+	암모늄 이온

금속의 원자 가 이온이 될 때는 양이온 이 됩니다

🔹 이온 결합에서는 +와 −의 전기가 상쇄되도록 양·음이온이 결합한다.

물에 전기를 통하게 하면 어떻게 되나요?

음, 기포가
나오는 양이
다르잖아?

정답

문제
물에 전기를 통하게 하면 어떻게 될까?

양극에 산소, 음극에 수소가 부피비 1:2의 비율로 발생해요.

해설

물은 전기가 잘 통하지 않으므로 수산화소듐을 조금 녹여서 실험합니다. 거기에 전기를 통하게 하면 +극(양극)에 산소, −극(음극)에 수소가 발생해요. 즉, **물이 산소와 수소로 분해**됩니다. 전기를 통하게 해서 일어나는 물질의 분해 반응을 <u>전기 분해</u>라고 해요.

물의 전기 분해

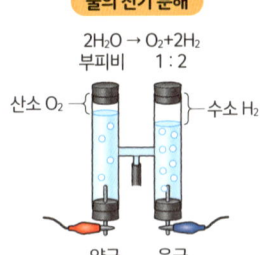

$$2H_2O \rightarrow O_2 + 2H_2$$
부피비   1 : 2

산소 O_2 — 수소 H_2

양극   음극

전해질 물에 녹으면 전기가 통하는 수용액이 되는 물질.
　예 염화소듐 NaCl, 염화구리 $CuCl_2$,
　　　수산화소듐 NaOH, 염화수소 HCl 등
이온화(전리) 용액 속에서 물질이 양이온과 음이온으로 나뉘는 것.
　예 $NaCl \rightarrow Na^+ + Cl^-$, $NaOH \rightarrow Na^+ + OH^-$
비전해질 물에 녹아도 전기가 통하지 않는 물질.
　예 설탕, 에탄올, 녹말, 포도당, 증류수 등
전기 분해 전기를 통하게 해서 일어나는 분해 반응.

전해질
물에 녹으면 이온으로 이온화한다

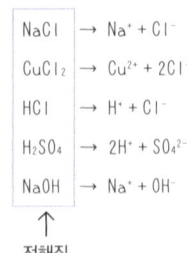

NaCl	$\rightarrow Na^+ + Cl^-$
$CuCl_2$	$\rightarrow Cu^{2+} + 2Cl^-$
HCl	$\rightarrow H^+ + Cl^-$
H_2SO_4	$\rightarrow 2H^+ + SO_4^{2-}$
NaOH	$\rightarrow Na^+ + OH^-$

↑
전해질

염화구리 수용액의 전기 분해

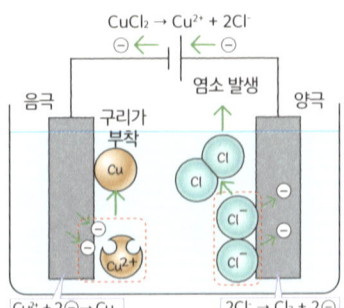

$$CuCl_2 \rightarrow Cu^{2+} + 2Cl^-$$

음극   구리가 부착   염소 발생   양극

$Cu^{2+} + 2\ominus \rightarrow Cu$　　$2Cl^- \rightarrow Cl_2 + 2\ominus$

양극에서는 음이온이 전자를 방출하고 음극에서는 양이온이 전자를 받아요

📖 양극에서 이온이 방출한 전자는 도선을 통해 음극으로 이동한다.

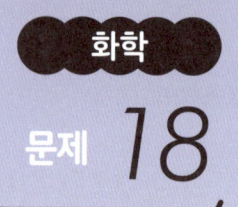

이온이 되기 쉬운 금속은
어떤 금속인가요?

정답

 문제

이온이 되기 쉬운 금속이란 무엇일까?

양이온이 되기 쉬운 금속부터 K, Ca, Na, Mg, Al, Zn…… 순서입니다.

해설

금속이 이온이 되는 경우 전부 양이온이 됩니다. 그 양이온이 되기 쉬운 정도는 금속에 따라 다르며 이를 양이온의 **이온화 경향**이라고 해요. 이를테면 아연(Zn)은 구리(Cu)보다 이온화 경향이 더 높아서 황산구리 수용액 속에 아연판을 넣으면 아연이 아연 이온이 되며 녹습니다. 그 대신에 구리가 석출됩니다.

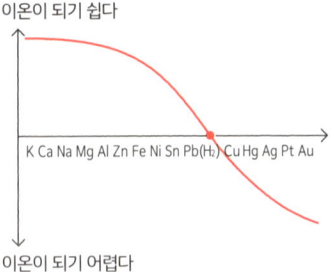

금속의 이온화 경향   금속의 양이온이 되기 쉬운 정도를 순서대로 나열한 것.

황산구리 수용액에
아연 막대를 넣는다
$CuSO_4 + Zn \rightarrow ZnSO_4 + Cu$

황산화구리($CuSO_4$) 수용액
  수용액 속에서
$CuSO_4 \rightarrow Cu^{2+} + SO_4^{2-}$ 와
같이 이온화한다

질산은 수용액에 구리 막대를
넣는다
$2AgNO_3 + Cu \rightarrow Cu(NO_3)_2 + 2Ag$

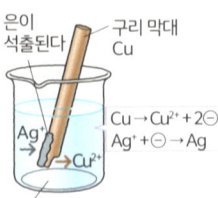

질산은($AgNO_3$) 수용액
  $AgNO_3 \rightarrow Ag^+ + NO_3^-$

황산구리 수용액에
은 막대를 넣는다

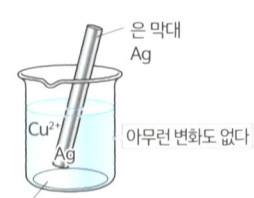

황산구리($CuSO_4$) 수용액
  은(Ag)은 구리(Cu)보다 이온화
  경향이 낮기 때문에 변하지 않는다

용액 속에 Cu^{2+}가 존재하면 용액은 파란색이 된다.

화학

문제 19

전지는 어떻게 전기를
만들어내나요?

정답

문제

전지는 어떻게 전기를 만들어낼까?

이온화 경향이 다른 금속 2종류를 전극으로 해서 전해질 용액에 담급니다. 이온화 경향이 높은 금속이 −극(음극)이고 다른 한쪽이 +극(양극)이 됩니다.

해설

아연(Zn)과 구리(Cu)처럼 이온화 경향이 다른 금속 2종류를 염산과 같은 전해질 용액 속에 담급니다. 아연은 자신의 전자를 방출해서 −극으로 작용하며, 아연 이온(Zn^{2+})으로 용액 속에 녹기 시작해요. 구리는 +극으로 작용하며 수소 이온이 전자를 받아서 수소가 발생합니다. 이러한 형태로 <u>전자가 순환해서 전기가 만들어져요</u>

· ·

볼타 전지 +극 : Cu | 전해액 : 황산 | −극 : Zn

다니엘 전지 +극 : Cu | 전해액 : 황산구리수용액·황산아연수용액 | −극 : Zn

일차 전지 충전할 수 없는 일회용 전지. 건전지나 단추형 전지 등.

이차 전지 충전할 수 있는 전지. 리튬 이온 전지, 니켈 카드뮴 전지, 납축전지 등.

볼타 전지

음극 / 수소가 발생 / 양극

아연이 녹는다

아연판 / 묽은 황산 / 구리판

$Zn \rightarrow Zn^{2+} + 2\ominus$
$H_2SO_4 \rightarrow 2H^+ + SO_4^{2-}$

$2H^+ + 2\ominus \rightarrow H_2$

다니엘 전지

음극 / 토기판 / 양극

아연 / 황산아연 수용액 / 황산구리수용액 / 구리

$Zn \rightarrow Zn^{2+} + 2\ominus$
$ZnSO_4 \rightarrow Zn^{2+} + SO_4^{2-}$

$Cu^{2+} + 2\ominus \rightarrow Cu$
$CuSO_4 \rightarrow Cu^{2+} + SO_4^{2-}$

> 볼타 전지는 양극에서 수소가 발생하기 때문에 전압이 떨어져요.

📖 연료 전지는 수소와 산소의 반응으로 만들어지는 에너지를 이용한다.

산성 수용액과
염기성 수용액은
무엇이 다른가요?

레몬즙은···
너무 셔!!

산성

비눗방울은···

염기성

산성 수용액과 염기성 수용액은 무엇이 다를까?

**산성 수용액은 파란색 리트머스 종이를 빨간색으로,
BTB 용액의 색을 노란색으로 변색시켜요.
염기성 수용액은 빨간색 리트머스 종이를 파란색으로,
BTB 용액을 파란색으로 변색시켜요.**

해설

수용액에는 액체의 성질 세 가지(산성, 중성, 염기성)가 있습니다. 산성 수용액은 **레몬즙처럼 신 것**이 많으며 염기성 수용액은 만지면 **미끈미끈한 것**이 많아요[※]. 액체의 성질을 조사할 때 리트머스 종이, BTB 용액 등의 지시약을 사용합니다.

[※] 맛보거나 만지면 안 되는 것도 있다.

산성·중성·염기성 수용액

물에 녹는 물질의 상태

	산성	중성	염기성
고체	붕산수, 명반수	염화소듐 수용액, 설탕물, 녹말풀, 포도당액	수산화소듐 수용액, 중조수 (소다수), 비눗물, 석회수
액체	아세트산, 황산, 질산	알코올수, 증류수	
기체	탄산수, 염산		암모니아수

수용액의 액성 산성, 중성, 염기성이 있다.
❶ **산성 수용액**: 염산 HCl, 황산 H_2SO_4, 아세트산 CH_3COOH, 탄산수 H_2CO_3, 레몬즙 등.
❷ **중성 수용액**: 식염수 $NaCl$, 설탕물, 알코올수 등.
❸ **염기성 수용액**: 수산화소듐수용액 $NaOH$, 석회수 $Ca(OH)_2$, 암모니아수 NH_3 등.
지시약 BTB 용액, 리트머스 종이(파란색·빨간색), 페놀프탈레인 용액 등.

지시약과 색의 변화

	산성	중성	염기성
파란색 리트머스 종이	빨간색	파란색	파란색
빨간색 리트머스 종이	빨간색	빨간색	파란색
BTB 용액	노란색	녹색	파란색
페놀프탈레인 용액	무	무	빨간색

※ BTB 용액은 숨을 불어 넣는 등의 방법으로 '녹색'으로 조제해 취급한다.

🡒 적양배추 즙 등도 지시약으로 사용할 수 있다.

'pH○○'라는 수치는 무엇을 나타내나요?

pH meter

acidic
산성

alkaline
염기성

정답

pH 수치는 무엇을 나타낼까?

수용액의 산성도를 나타내요.

해설

수용액이 갖는 산의 강도를 나타내는 기준으로 'pH(피에이치)'가 있으며 0~14의 수치로 나타냅니다. **산성 수용액의 경우 pH=7보다 작고 염기성 수용액의 경우 pH=7보다 커집니다. 중성 수용액은 pH=7**이 되지요.

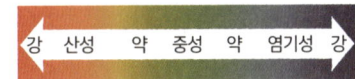

pH는 용액 속의 수소 이온 농도를 특별한 방법으로 표현한 거예요

. . . .

pH 산성도를 0~14의 수치로 나타내고, 7보다 작을수록 산성이 강해지며, 7보다 클수록 염기성이 강해진다. 중성의 경우 pH=7이 된다.

산성 수용액 용액 속에서 용질이 이온화해 수소 이온 H^+를 내보낸다.

염기성 수용액 용액 속에서 용질이 이온화해 수산화물 이온 OH^-를 내보낸다.

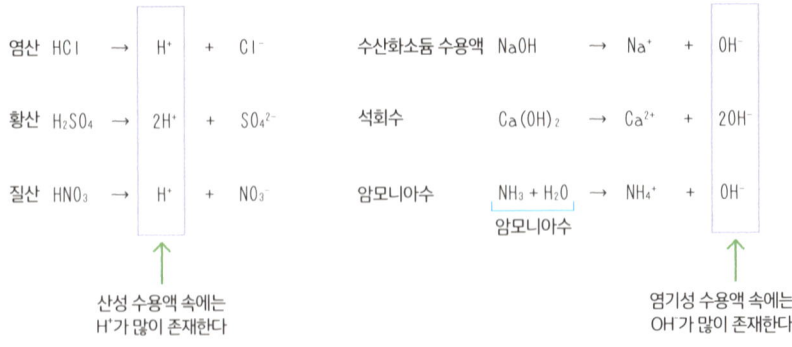

암모니아수의 이온화식은 $NH_3+H_2O \rightarrow NH_4^+ + OH^-$가 된다. 즉 염기성.

'산'과 '염기'의 반응은
어떤 반응인가요?

정답

산과 염기는 중화 반응을 일으켜서 발열해요.

해설

산성 수용액과 염기성 수용액을 어느 정도씩 혼합하면 **산에서 나오는 수소 이온(H⁺)과 염기에서 나온 수산화물 이온(OH⁻)의 양이 같아져서 중성으로 만들 수 있습니다.** 이 반응을 중화 반응이라고 하며 중화 반응으로 생긴 물 이외의 물질을 **염**이라고 합니다.

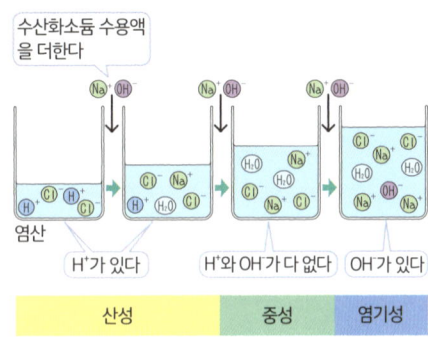

중화 반응   산과 염기의 반응. 산+염기 → 물+염.

완전 중화   산에서 나오는 수소 이온과 염기에서 나온 수산화물 이온의 양이 같아진 상태 ($H^+ + OH^- → H_2O$).

중화 반응과 발열 반응   중화 반응은 발열 반응이다.

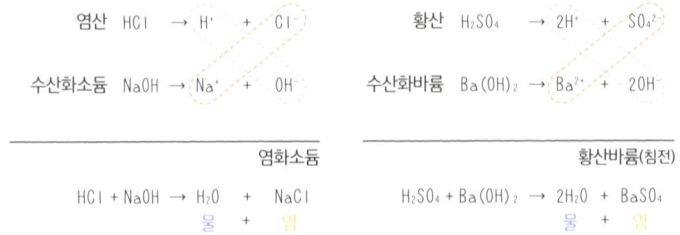

$$염산 \quad HCl \quad → \quad H^+ \quad + \quad Cl^-$$
$$수산화소듐 \quad NaOH \quad → \quad Na^+ \quad + \quad OH^-$$

$$황산 \quad H_2SO_4 \quad → \quad 2H^+ \quad + \quad SO_4^{2-}$$
$$수산화바륨 \quad Ba(OH)_2 \quad → \quad Ba^{2+} \quad + \quad 2OH^-$$

염화소듐
$$HCl + NaOH → H_2O + NaCl$$
물   +   염

황산바륨(침전)
$$H_2SO_4 + Ba(OH)_2 → 2H_2O + BaSO_4$$
물   +   염

중화 반응으로 생기는 염은 산에서 나오는 음이온과 염기에서 나오는 양이온으로 생성됩니다

리트머스 종이를 빨갛게 변색시키는 것은 H⁺가 원인이며 파랗게 변색시키는 것은 OH⁻가 원인이다.

위장약을 먹으면
더부룩함이 가라앉는 이유는
무엇인가요?

맛있다ー

맛있어ー

위장약
먹어야지

약

으으...

위장약에는 어떤 성질이
있는지 알고 있나요?

정답

위에서 나오는 위산과 위장약이 중화 반응하기 때문이에요.

해설

과식하면 위에서 위산이 대량으로 나옵니다. 이것이 속이 더부룩해지는 원인이지요. 위장약을 먹으면 위산과 위장약을 **중화 반응**시켜서 더부룩한 속을 가라앉힐 수 있어요.

· ·

염 산과 염기의 중화 반응으로 생기는 물질. 염화소듐처럼 용액 속에서 이온 상태를 유지하는 것과 탄산칼슘이나 황산바륨처럼 양이온과 음이온이 결합해 침전으로 나오는 것이 있다.

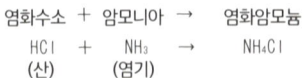

염화수소 + 암모니아 → 염화암모늄
HCl + NH_3 → NH_4Cl
(산) (염기)

탄산수 + 석회수 → 물 + 탄산칼슘
H_2CO_3 + $Ca(OH)_2$ → $2H_2O$ + $CaCO_3$
(산) (염기)

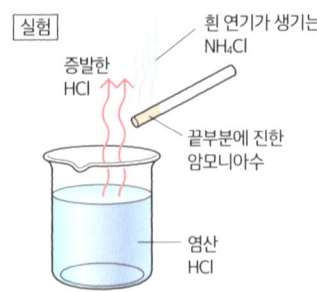

실험

흰 연기가 생기는
NH_4Cl

증발한
HCl

끝부분에 진한
암모니아수

염산
HCl

실험

염산
HCl

석회수는
하얗게
탁해진다

이산화탄소
CO_2

석회수
$Ca(OH)_2$

석회석
$CaCO_3$

(염기) (산)
석회수 + 이산화탄소 → 탄산칼슘 + 물
$Ca(OH)_2$ + CO_2 → $CaCO_3$ + H_2O

석회수에 이산화탄소를 통과시키면 하얗게 탁해지는 것은 중화 반응으로 생긴 탄산칼슘이 원인이에요!

📖 중화 반응으로 생긴 $CaCO_3$나 $BaSO_4$ 등의 염은 물에 거의 녹지 않는다.

후지산은 어떻게 해서 그렇게나 높아졌나요?

난 후지산 같은 일본 최고의 남자가 될 거야!!

문제
후지산은 어떻게 높아졌을까?

분화할 때 분출한 용암이나 화산재 등이 퇴적하며 이를 반복해서 높아졌어요.

해설

지하에 있는 암석 등이 녹으며 생긴 고온의 액체를 **마그마**라 고 합니다. 마그마의 온도는 800℃~1400℃ 정도이며 지하에 서 강한 압력을 받아서 주위의 암석 등과 함께 지표로 뿜어져 나오는 현상을 분화라고 하지요. 이때 나오는 **화산 분출물**이 퇴적해서 화산이 형성됩니다. **마그마의 성질(점성)에 따라 화 산의 모양이 달라집니다.**

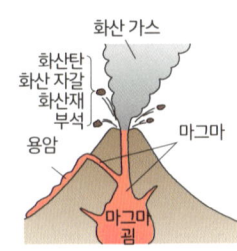

일본의 경우 분화할 때 화산재는 편서풍(서→동쪽으로 부는 바람)의 영향으로 동쪽에 분포할 때가 많습니다

화산 분출물 화산 가스(기체), 용암(액체), 화산재(고체), 부석(고체) 등이 있다.
❶ **화산 가스**: 주성분은 수증기인데 그 밖의 유해 물질을 포함할 때가 많다.
❷ **용암**: 분화할 때 나오는 고온의 액체이며 주변의 공기에 식어서 암석이 된다.
❸ **화산재**: 분화 후 한동안 상공을 떠다니는 고체이며 지름 2mm 이하의 고체.
❹ **부석**: 작은 구멍이 많이 있는 돌. 물에 뜬다.
마그마의 점성과 화산의 모양 마그마의 점성이 클수록 분화의 정도가 심하며 형성하는 화산의 형태는 세로로 발달한다. 또한 마그마의 점성이 작을수록 분화는 잔잔하며 화산의 형태는 가로로 발달한다.

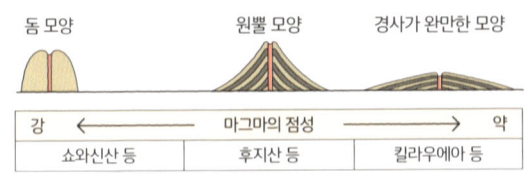

돔 모양	원뿔 모양	경사가 완만한 모양
강 ←	마그마의 점성	→ 약
쇼와신산 등	후지산 등	킬라우에아 등

📕 화산이 분화하면 화산재가 태양광을 차단해서 냉해가 일어나는 경우가 많다.

문제 02

묘비 등에 쓰이는 '화강암'의 표면에서 볼 수 있는 입자는 어떻게 만들어졌나요?

정답

문제

화강암의 입자는 어떻게 만들어졌을까?

마그마가 식으며 그 안에 포함된 성분이 결정으로 바뀌어서 광물로 나타났어요.

해설

지하에 있는 고온의 액체가 식으며 생긴 암석을 **화성암**이라고 합니다. 화성암은 **지표 근처에서 갑자기 식으며 생긴 화산암**, **지하 깊은 곳에서 서서히 식으며 이루어진 심성암**으로 나뉩니다. 화성암을 형성하는 광물은 **무색광물**과 **유색광물**로 나뉘고 광물의 종류나 비율에 따라 화성암의 모습도 달라집니다.

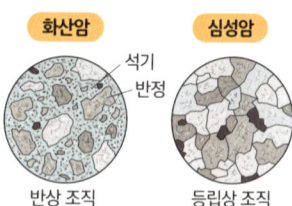

화산암 / 석기 / 반정 / 반상 조직

심성암 / 등립상 조직

. . . .

화성암 마그마가 식어서 생긴 암석이며 식는 방법에 따라 심성암과 화산암으로 분류된다.

❶ **심성암**: 암석을 만드는 광물이 꽉 차서 크다(**등립상 조직**). 흰색부터 순서대로 **화강암**, **섬록암**, **반려암**으로 분류된다.

❷ **화산암**: 암석을 만드는 광물의 크기가 불규칙해서 석기와 반정으로 이루어진다(**반상 조직**). 흰색부터 순서대로 **유문암**, **안산암**, **현무암**으로 분류된다.

심성암	화강암	섬록암	반려암
화산암	유문암	안산암	현무암
전체의 색	하얗다	중간	거무스름하다

조암광물의 비율(%): 100 석영 / 장석 / 감람석 / 휘석 / 각섬석 / 50 / 흑운모 / 0

☐ 무색광물 ■ 유색광물

광물(조암광물) 화성암을 구성하는 마그마가 식어서 생긴 결정이며 무색광물과 유색광물로 분류된다.

❶ **무색광물**: 투명하고 단단한 **석영**과 하얗고 정해진 방향으로 잘 깨지는 **장석**이 있다.

❷ **유색광물**: 흑운모(검은색), 각섬석(녹색), 휘석(암녹색), 감람석(연녹색) 등이 있다.

유색광물의 비율이 큰 화성암일수록 암석의 색이 거무스름해져요!

문제 03

산기슭의 '선상지'와 하구 부근의 '삼각주'는 어떻게 이루어졌나요?

선상지

삼각주

정답

문제

선상지와 삼각주는 어떻게 이루어졌을까?

강을 흐르는 물의 운반 작용으로 운반된 토사가 유속이 느려지는 산기슭과 하구에서 퇴적하며 만들어졌어요.

해설

강의 상류에서 운반되는 토사에는 입자가 큰 것부터 **자갈**(지름 2mm 이상), **모래**(지름 $\frac{1}{16}$ mm~2mm), **진흙**(지름 $\frac{1}{16}$ mm 이하)이 포함되어 있어요. 흐름이 느려지는 산기슭에서는 **자갈이나 모래가 주로 퇴적되어 선상지가 만들어집니다.** 하구 부근에서는 **진흙이 주로 퇴적되어 삼각주가 형성됩니다.**

....

흐르는 물의 작용 3가지 흐르는 물에는 토사를 깎아내는 작용(**침식 작용**), 운반하는 작용(**운반 작용**), 쌓이게 하는 작용(**퇴적 작용**)이 있다.

❶ **침식 작용·운반 작용**: 흐름이 빠른 곳에서 활발하다.
❷ **퇴적 작용**: 흐름이 느려지는 곳에서 활발하다.

흐르는 물의 작용으로 형성되는 기타 지형

❶ **V자곡**: 강의 상류에서 볼 수 있는 깊은 계곡. 침식 작용으로 만들어진다.
❷ **하안단구·해안단구**: 강의 침식과 융기(땅이 상승하는 현상)를 반복해서 만들어지는 계단 모양의 언덕.

V자곡 　　하안단구 　　해안단구

해수

운반 작용은 흐르는 물의 양이 많은 곳에서도 활발해요.

 선상지는 자갈이나 모래가 주성분이므로 배수가 잘 되고, 지하수가 잘 생긴다.

강에서 바다로 흘러온 토사는 그 후 어떻게 되나요?

정답

문제

강에서 바다로 흘러온 토사는 나중에 어떻게 될까?

해저에 퇴적합니다. 그 과정이 반복되어 토사는 쌓이고 굳어져서 퇴적암이 됩니다.

해설

강의 상류에서 깎여 운반되어 온 토사 중 바다까지 운반된 것은 하구 근처에서 **자갈, 모래, 진흙 순으로** 걸러져 해저에 퇴적됩니다. 그 과정을 반복하는 동안 퇴적된 토사는 **오랜 세월에 걸쳐 쌓이며 굳어져서 퇴적암이 됩니다.**

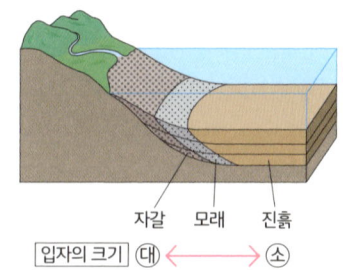

자갈　모래　진흙

입자의 크기 (대) ←→ (소)

퇴적암 자갈, 모래, 진흙, 생물의 사체, 화산재 등이 쌓이며 굳어져 만들어진 암석.

❶ **입자의 크기에 따른 퇴적암의 분류**: 역암, 사암, 이암.

❷ **생물의 사체가 쌓이며 굳어져 생긴 퇴적암의 분류**: 석회암(산호의 사체), 처트(규조류 등의 사체), 석탄(양치식물).

❸ **응회암**: 화산재가 쌓이며 굳어져 만들어진 퇴적암. 작은 구멍이 뚫려 있다.

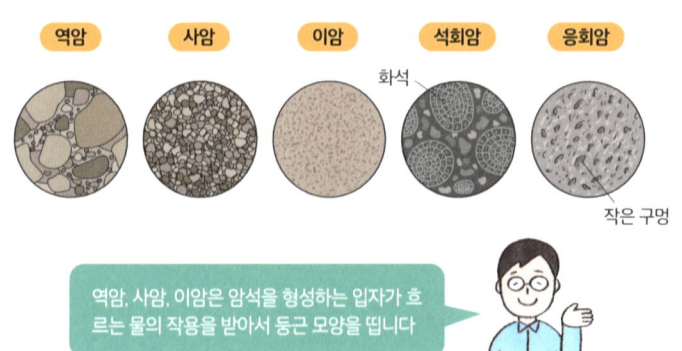

역암　사암　이암　석회암　응회암

화석

작은 구멍

역암, 사암, 이암은 암석을 형성하는 입자가 흐르는 물의 작용을 받아서 둥근 모양을 띱니다

✏️ 석회암은 염산과 반응해 이산화탄소가 발생한다. 처트는 부싯돌로 사용된다.

줄무늬 지층은
어떻게 생기나요?

초콜릿 층
같아 보이는데
맛있겠다ㅡ♡

정답

문제
지층은 어떻게 만들어졌을까?

해저에서 종류가 다른 토사가 오랜 세월에 걸쳐서 퇴적해 지층을 형성하고 그것이 융기해서 지상에 나타납니다.

해설

강에서 운반되어 온 토사(자갈, 모래, 진흙 등)가 해저에 퇴적합니다. 그사이에 땅의 융기와 침강이 일어나 위에 다른 종류의 토사가 퇴적됩니다. 그 과정을 반복한 후 융기해서 지상에 나타난 줄무늬가 지층이에요.

융기가 일어나면 위에 쌓이는 토사의 입자가 아래층보다 커져요

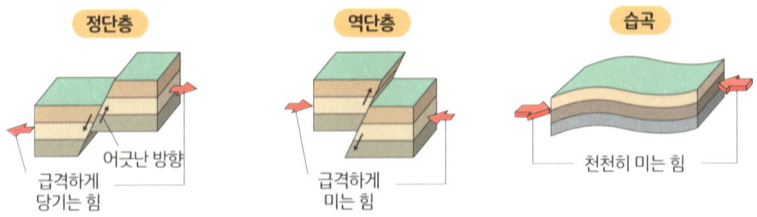

융기와 침강 땅이 올라가는 것을 **융기**, 땅이 내려가는 것을 **침강**이라고 한다.

단층 지층에 좌우에서 급격한 힘이 가해져 지층이 어긋난 것.

❶ **정단층**: 좌우에서 **급격하게 당기는 힘**이 가해져 형성된 단층.

❷ **역단층**: 좌우에서 **급격하게 미는 힘**이 가해져 형성된 단층.

습곡 좌우에서 **천천히 미는 힘**이 가해져 지층이 휜 부분.

📕 융기와 침강뿐만 아니라 해수면의 상승이나 하강 때문에도 지층이 생긴다.

공룡이나 암모나이트 화석에서는 무엇을 알 수 있나요?

정답

문제
공룡이나 암모나이트 화석에서 무엇을 알 수 있을까?

그 화석이 포함된 암석은 중생대에 생긴 것이라는 사실을 알 수 있어요.

해설

화석은 생물의 사체 등이 퇴적물 속에 묻혀서 암석이 된 것이며 **지질 연대**를 알 수 있는 단서가 되는 **표준 화석**과, 암석이 생긴 당시의 환경을 알 수 있는 단서가 되는 **시상 화석**으로 분류됩니다.

지질 연대는 **고생대**(약 5.4억~약 2.5억 년 전), **중생대**(약 2.5억 년 전~약 6600만 년 전), **신생대**(약 6600만 년 전~현대) 등이 있습니다.

- -

표준 화석 특정한 시대에 폭넓게 서식한 생물의 화석.

❶ **고생대에 살았던 생물**: 삼엽충, 푸줄리나 등.

❷ **중생대에 살았던 생물**: 공룡, 암모나이트 등.

❸ **신생대에 살았던 생물**: 비카리아, 매머드, 나우만 코끼리 등

시상 화석 장기적인 시대에 걸쳐 특정 환경에서 서식하는 생물의 화석.

❶ **산호**: 따뜻하고 얕은 바다.

❷ **가리비**: 차가운 바다.

❸ **재첩**: 민물 또는 기수(염분이 적은 물).

❹ **바지락·대합**: 얕은 바다.

❺ **나뭇잎**: 숲이나 호수.

고생대	중생대	신생대
삼엽충	공룡	비카리아
푸줄리나	암모나이트	매머드

실러캔스 등 멸종했다고 생각한 생물이 갑자기 발견된 일도 있어요!

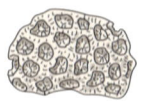
산호

가리비

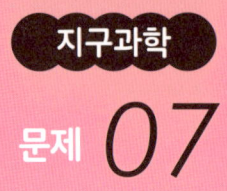

지진이 일어날 때 흔히 말하는 '진도'와 '매그니튜드'의 차이는 무엇인가요?

조금 전 ○○ 지방에서
지진이 일어났습니다

진도와 매그니튜드의 차이는 무엇일까?

진도는 관측점에서 진동의 크기, 매그니튜드는 진원에서 발생한 에너지의 크기를 표현한 것이에요.

해설

진도는 관측점에 따라 다르며 **진도 1~12**의 **12단계로** 나뉩니다. 매그니튜드는 진원에서 발생한 **에너지의 크기**이며 매그니튜드가 **2.0 커지면 에너지의 크기는 1000배가** 됩니다(1.0 커지면 약 32배).

진도
'수정메르칼리 진도등급(MMI)' 1~12

매그니튜드

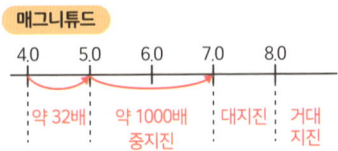

단순히 매그니튜드가 크다는 것은 진도가 크다는 것과 같지 않다는 점에 주의하세요!

진원	지하에서 지진이 발생한 지점.
진앙	진원의 바로 위에 있는 지표면의 지점. 일반적으로 지진이 발생했을 때 처음으로 지진파가 도달하는 지표면.
진원 거리	관측점에서 진원까지의 거리.
진앙 거리	관측점에서 진앙까지의 거리.
진도 계급	12단계의 진도는 사람의 체감, 실내, 실외의 상황에 따라 분류된다.

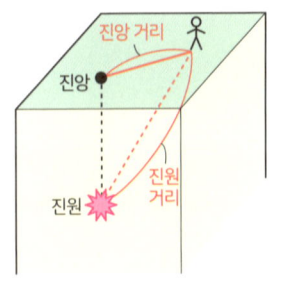

예 진도 1: 대부분 사람들은 느낄 수 없으나, 지진계에는 기록된다.

진도 12: 모든 것이 피해를 입고, 지표면이 심각하게 뒤틀리며, 물체가 공중으로 튀어 오른다.

진앙과 진원의 거리는 진원 거리 중 최단 거리.

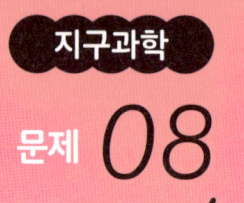

'지진 재난 문자'는
어떻게 우리에게 전달되나요?

정답

진원에 가까운 지진계가 진동이 약한 P파를 감지한 단계에서 기상청에 전달되어 진동이 강한 S파가 도달하기 전에 문자를 내보내고 있어요.

해설

진원에서 지진이 발생할 때 **속도는 빠르지만 진동이 약한 P파와 속도는 느리지만 진동이 강한 S파**라는 지진파가 발생합니다.

P파를 지진계로 감지한 후 S파가 도달하기 전까지 지진 재난 문자를 내보내게 되어 있답니다.

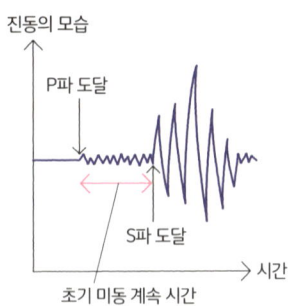

초기 미동   P파만 도달했을 때 일어나는 약한 진동.
주요동   S파가 도달했을 때 일어나는 강한 진동.
초기 미동 계속 시간   P파가 도달한 후 S파가 도달하기까지의 시간. 진원 거리에 거의 비례한다.

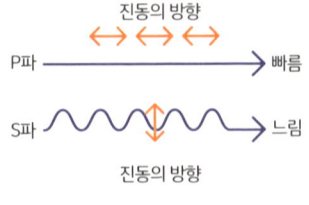

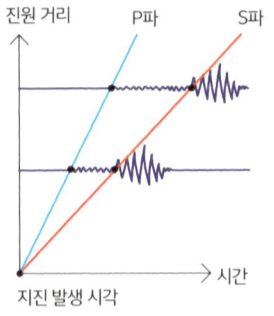

P파는 종파이며 약 8km/s이고 S파는 횡파이며 약 4km/s(지진에 따라 조금 차이가 있다)에요.

 P파는 종파지만 S파는 횡파다.

일본에서는 왜 지진이 자주 발생하나요?

일본에서 지진이 많이 발생하는 데에도 이유가 있어요!

정답

문제

일본에서 지진이 자주 발생하는 이유는?

일본 열도는 대륙을 형성하는 대륙판과 바다를 형성하는 해양판의 경계 부근에 위치하기 때문이에요.

해설

일본 열도는 대륙판인 북아메리카판, 유라시아판, 해양판인 필리핀해판, 태평양판이라는 **4종류의 판 경계 부근에 위치**합니다. 해양판은 대륙판 쪽으로 가라앉듯이 움직여서 **판의 경계 부근에 진원이 많이 분포**해요.

해구　대륙판과 해양판의 경계에 생긴 깊은 부분.

해저 산맥(해령)　새로운 해양판이 생기는 부분.

판 경계형 지진　판의 경계에서 판이 파괴해 일어나는 지진. 쓰나미가 발생할 우려가 있다.

직하형 지진　대륙 내부의 진원에서 일어나는 지진. 진원이 얕은 경우가 많다.

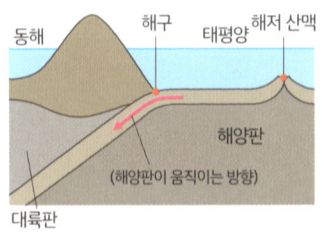

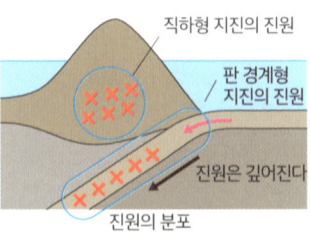

판의 경계에서 일어나는 진원은 대륙 쪽으로 감에 따라 깊어집니다

✎ 지진으로 일어나는 재해에는 쓰나미, 액상화 현상 등이 있다.

습도가 높은 날 빨래가 잘 안 마르는 이유는 무엇인가요?

공기 중에 더 포함할 수 있는 수증기의 양이 적어서 빨래의 물이 증발하기 어려워지기 때문이에요.

해설

공기 1m³ 안에 포함할 수 있는 수증기의 최대량을 **포화수증기량**이라고 합니다(단위는 g/m³). **포화수증기량은 기온이 높아질수록 커집니다.**

습도는 그 기온의 포화수증기량을 100%로 했을 때 1m³의 공기 안에 실제로 얼마나 수증기가 포함되었는지를 〔%〕로 나타낸 것입

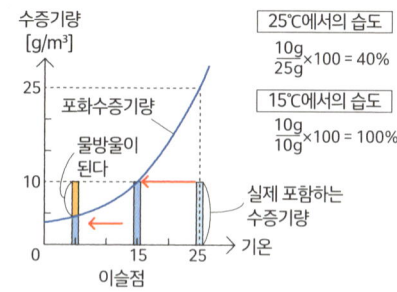

25℃에서의 습도
$$\frac{10g}{25g} \times 100 = 40\%$$

15℃에서의 습도
$$\frac{10g}{10g} \times 100 = 100\%$$

니다. 그 기온에서의 습도가 높을수록 포함할 수 있는 수증기의 양은 한층 더 적어집니다(습도 100%에서는 더 이상 포함할 수 없어요).

. . . .

습도의 공식

습도〔%〕= $\dfrac{\text{그 기온에서 공기 1m³에 들어 있는 수증기량〔g/m³〕}}{\text{그 기온에서의 포화수증기량〔g/m³〕}} \times 100$〔%〕

건습계 습도를 측정하는 장치. 건구 온도계와 습구 온도계의 온도를 읽어 습도표에서 습도를 알 수 있다. 건구의 온도≧습구의 온도.

이슬점 공기 중 수증기가 물방울이 되기 시작하는 온도.

건구 습도계와 습구 습도계의 온도 차가 클수록 습도는 낮아요!

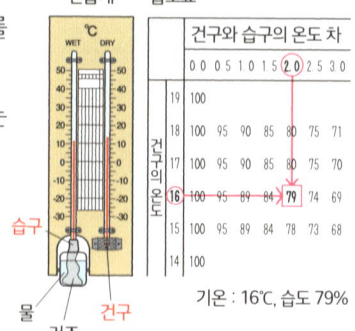

	건구와 습구의 온도 차							
	0.0	0.5	1.0	1.5	2.0	2.5	3.0	
19	100							
18	100	95	90	85	80	75	71	
17	100	95	90	85	80	75	70	
16	100	95	89	84	79	74	69	
15	100	95	89	84	78	73	68	
14	100							

기온 : 16℃, 습도 79%

📕 이슬점에 달했을 때의 습도는 100%다.

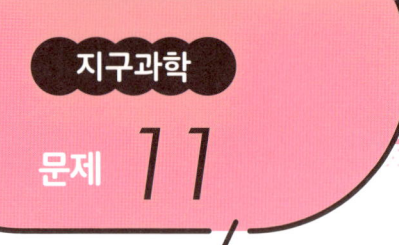

구름은
어떻게 생기나요?

산들
산들

정답

문제
구름은 어떻게 생길까?

수증기를 포함한 공기가 상승 기류를 타고 올라가서 기온이 떨어져 이슬점에 도달하면 수증기가 물방울이나 얼음 입자가 되고 그것이 모여서 생깁니다.

해설

구름이 생기려면 **상승 기류**(위쪽으로 향하는 공기의 흐름)가 필요합니다. **공기가 상승하면 기압과 온도가 내려갑니다.** 그 공기가 **이슬점**에 도달하면 수증기는 물방울이 되고 온도가 내려가면 얼음 입자가 됩니다. 이것을 상승 기류가 뒷받침하기 때문에 구름은 상공에 떠 있답니다.

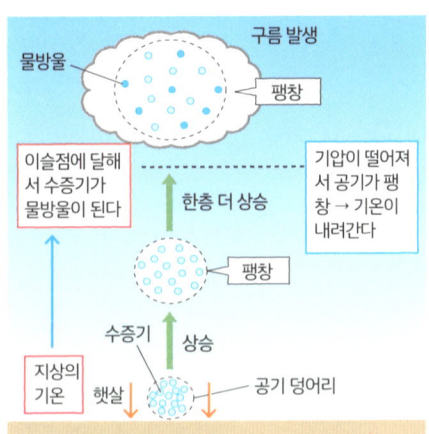

상승 기류가 잘 생기는 장소는 산 부근, 저기압 부근, 전선 부근 등이에요

구름의 종류   구름은 고도와 발달하는 방식 등에 따라 10종류로 분류된다.

❶ **적란운(소나기구름):** 구름이 세로로 발달해서 좁은 범위에 세찬 비를 내린다.

❷ **난층운(비구름):** 가로로 넓게 발달해서 넓은 범위에 부슬부슬 비를 내린다.

❸ **권운(새털구름):** 고도가 높은 곳에 생기는 선형 구름.

강수   구름 속의 작은 물방울이 모여 커져서(무거워져서) 상승 기류가 버티지 못하고 표면에 떨어지는 것.

📕 상공의 물방울은 공기 중의 먼지 등이 중심이 되어 모인다.

해발고도가 높은 곳에서 감자칩 봉투가 부풀어 오르는 이유는 무엇인가요?

산의 쉼터에서 판매하는 컵라면도 빵빵하게 부풀어 있어요

문제

해발고도가 높은 곳에서 감자칩 봉투가 부풀어 오르는 이유는?

해발고도가 높은 곳은 기압이 낮아서 봉투 안의 공기가 팽창하기 때문이에요.

해설

물체는 대기에서 모든 면에 수직으로 미는 힘을 받습니다. 이를 **대기압(기압)**이라고 하며 단위는 **헥토파스칼(hPa)**을 사용합니다. 지구상에서 평균적인 대기압은 **1기압(약 1013hPa)**입니다.

해발고도가 높을수록 기압은 낮아지기 때문에 주변의 공기가 물체를 미는 압력이 낮아집니다.

. . . .

압력(Pa) 1m²당 미는 힘(N)이며 1hPa = 100Pa.

압력 공식

압력(Pa) =
면에 작용하는 힘(N) ÷ 힘이 작용하는 면의 면적(m²)

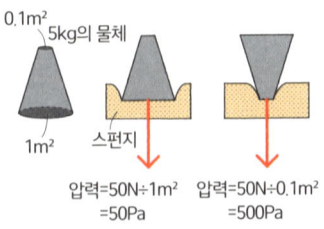

0.1m²
5kg의 물체
1m²
스펀지
압력=50N÷1m²
=50Pa
압력=50N÷0.1m²
=500Pa

대기압과 수압 대기의 무게로 작용하는 압력을 **대기압(기압)**이라고 하며, 물속에서 물의 무게로 작용하는 압력을 **수압**이라고 한다. **대기압은 해발고도가 높을수록 작아진다.** 수압은 수심이 깊을수록 커진다.

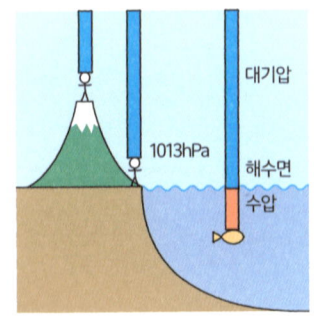

대기압
1013hPa
해수면
수압

 물속에서는 수압에 대기압이 더해진 압력이 작용해요!

 수심 10m의 위치에서 물체에 작용하는 수압은 약 1기압이다.

맑은 날 낮에
바다에서 육지로 바람이 부는 이유는
무엇인가요?

바람의 느낌이 좋네 💗

낮에는 육지의 온도가 바다보다 높아져요. 그래서 바다 쪽이 고기압, 육지 쪽이 저기압을 형성해 바다에서 육지로 바람이 붑니다.

해설

낮에는 육지가 바다보다 온도가 높고, 밤에는 바다가 육지보다 온도가 높아집니다. **온도가 높은 장소는 온도가 낮은 장소에 비해 기압이 낮아지기 쉬우며, 반대로 온도가 낮은 장소는 온도가 높은 장소에 비해 기압이 높아지기 쉬워요. 바람은 고기압에서 저기압으로 불기** 때문에 낮에는 바다에서 육지로 바람이 붑니다. 반대로 밤에는 육지에서 바다로 바람이 불지요.

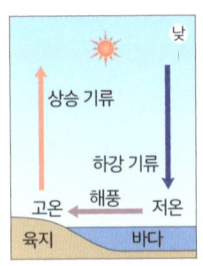
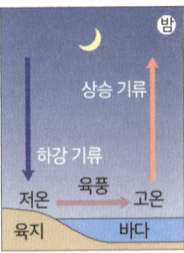

육지는 고체라서 잘 따뜻해지고 잘 식어요!

해풍과 육풍 낮에 바다에서 육지로 부는 바람을 **해풍**, 밤에 육지에서 바다로 부는 바람을 **육풍**이라고 한다.

계절풍 해풍과 육풍과 같은 원리이며 **여름에는 남동쪽에서 약한 계절풍이, 겨울에는 북서쪽에서 강한 계절풍**이 분다.

고기압 주위보다 기압이 높은 곳이며 **하강 기류**가 생기고, 위에서 볼 때 **시계 방향**으로 바람을 불어 내보낸다.

저기압 주위보다 기압이 낮은 곳이며, **상승 기류**가 생기고 위에서 볼 때 **반시계 방향**으로 바람이 불어 들어온다.

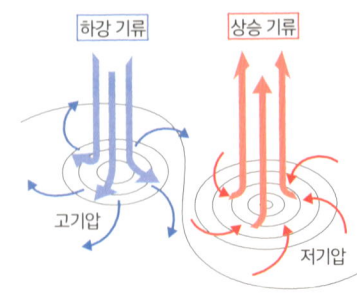

📕 기압이 같은 지점을 연결한 선을 등압선이라고 한다(가는 선은 4hPa 간격, 굵은 선은 20hPa 간격).

하루 중에 낮과 밤이 있는 이유는 무엇인가요?

정답

문제

하루 중에 낮과 밤이 있는 이유는?

지구가 지축을 중심으로 서쪽에서 동쪽(북극점 위에서 볼 때 반시계 방향)으로 하루에 약 360°를 자전하기 때문이에요.

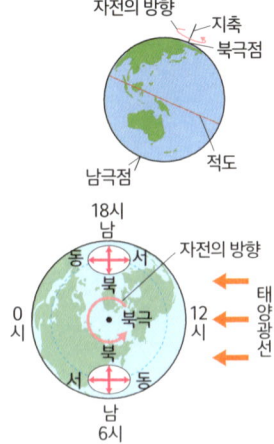

해설

지구는 북극점과 남극점을 연결하는 **지축**을 중심으로 **서쪽에서 동쪽으로 하루에 약 360° 자전**합니다. 그래서 태양광이 닿는 시간대(낮)와 태양광이 닿지 않는 시간대(밤)가 존재하지요. 지구가 자전하기 때문에 **태양은 하루에 동쪽에서 서쪽으로 360도로 움직이는 것처럼 보입니다.** 이는 겉보기 운동이며 별이나 달도 같은 이유로 동쪽에서 서쪽으로 움직이는 것처럼 보여요.

. . . .

천체의 일주운동　지구의 자전에 따른 하루의 겉보기 운동. 동쪽에서 서쪽으로 움직이는 것처럼 보인다.

천체의 남중　태양 등이 동쪽에서 뜨고 남쪽의 높은 하늘을 통과해 서쪽으로 지는 것처럼 보인다. 정남쪽에 오는 것을 **남중**한다고 하며 이때의 고도가 가장 높다. 남중하는 시각을 **남중 시각**이라고 한다. 한국에서는 동경 135도 상에서 태양의 남중 시각은 12:30가 된다.

※ 남중 시각 = (일출 시각 + 일몰 시각) ÷ 2

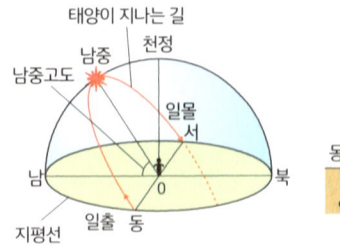

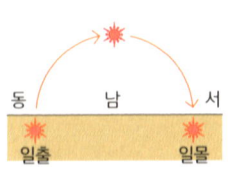

남반구에서는 태양이 동쪽에서 뜨고 북쪽 하늘을 지나서 서쪽으로 집니다. 북극권에서는 여름에 태양이 지지 않는 날이 지속됩니다(백야).

 남중 시각은 동쪽일수록 더 이르다(경도가 1° 동쪽이면 4분 빨라진다).

계절에 따라 밤하늘에서 볼 수 있는 별자리가 왜 달라지나요?

정답

 문제

계절에 따라 볼 수 있는 별자리가 달라지는 이유는?

지구가 태양 둘레를 서쪽에서 동쪽(북극점 위에서 볼 때 반시계 방향)으로 1년 동안 약 360° 공전하기 때문이에요.

해설

지구는 태양 둘레를 서쪽에서 동쪽으로 1년 동안 약 360° 공전합니다. 이 운동으로 지구가 계절에 따라 위치를 바꾸기 때문에 밤하늘에 보이는 별자리가 변해요. 계절에 따라 낮의 길이가 변하는 것은 지구의 지축이 공전면에 대해 약 66.6° 기울어진 상태로 공전하기 때문입니다.

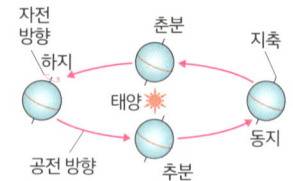

천체의 연주운동

지구의 공전에 따른 1년의 겉보기 운동. 별은 같은 시각에 관찰하면 동쪽에서 서쪽으로 하루에 약 1° 움직이는 것처럼 보인다.

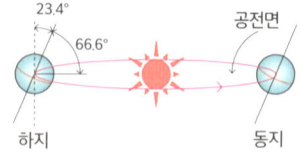

황도 12궁

태양은 공전해서 별자리 안쪽을 움직이는 것처럼 보인다. 이 태양이 지나는 길을 **황도**라고 하며 황도 안의 별자리 12개를 **황도 12궁**이라고 한다.

태양의 1년 움직임이 변하는 이유

지구의 지축이 공전면에 대해 약 66.6° 기울어진 상태로 공전하기 때문이다. 계절에 따라 낮의 길이가 변하는 것도 이 때문이다.

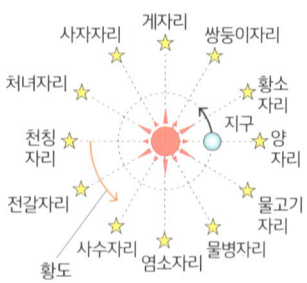

춘분에서 추분에 걸쳐서는 북쪽일수록 낮의 길이가 길어지고 추분에서 춘분에 걸쳐서는 남쪽일수록 낮의 길이가 길어집니다

 북극점 쪽 지축을 태양 방향으로 기울이고 있을 때가 하지.

달 표면에서는
지구가 어떻게 보이나요?
또 어떻게 움직이게 보이나요?

달에서 지구를 살펴보면……

정답

문제
달 표면에서 지구는 어떻게 보일까?

지구는 달처럼 차고 이지러지기는 하지만 움직이지 않는 것처럼 보여요.

해설

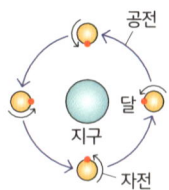

달은 **지구 둘레를 공전하는 위성**이며 달이 지구 둘레를 한 번 공전하는 데 걸리는 일수(약 27.3일)와 한 번 자전하는 데 걸리는 일수(약 27.3일)가 같고 방향도 같으므로 **달은 늘 지구에 같은 면을 향합니다.** 그래서 <mark>달에서 본 지구는 움직이지 않는 것처럼 보이고, 지구의 태양광을 받는 부분이 보이는 방식은 달라지므로 차고 이지러져요.</mark>

달의 공전 주기란 달이 지구를 한 번 공전하는 데 걸리는 시간이며, 자전 주기란 달이 한 번 자전하는 데 걸리는 시간을 말해요! 둘 다 27.3일입니다

. . . .

달에 관해

❶ **지구와의 거리**: 약 38만km

❷ **물이나 대기는 없다.**

❸ **지름**: 지구의 약 4분의 1(약 3475km).

❹ **중력**: 지구의 약 6분의 1.

❺ **공전 주기·자전 주기**: 둘 다 약 27.3일

❻ **크레이터(분화구)**: 운석이 부딪치며 생긴 구멍.

❼ **달의 바다**: 거무스름한 암석이 모여 있는 달 표면의 조금 어두운 부분(하얀 부분은 육지라고 한다).

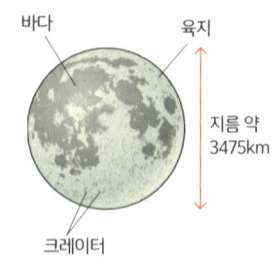

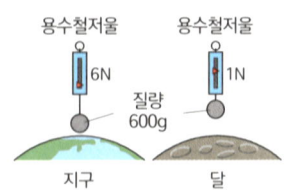

📕 화성이나 목성이나 토성 등에도 달과 같은 위성이 존재한다

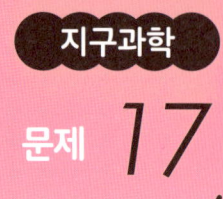
달이 뜨는 시간이
날마다 변하는 이유는 무엇인가요?

정답

달이 뜨는 시간이 날마다 달라지는 이유는?

달은 지구 둘레를 공전하며 같은 지점에서 같은 시각에 보이는 달의 방향이 달라지기 때문이에요.

해설

달은 지구 둘레를 북극점 위에서 볼 때 반시계 방향으로 공전합니다. 공전 주기는 27.3일이며 **같은 지점에서 같은 시각에 보이는 달의 방향은 주기적으로 변해요.** 삭월에서 다시 삭월까지의 일수는 약 29.5일(약 30일)이 됩니다. 달이 차고 이지러지는 모습에 따라서 남중 시각이 달라져요.

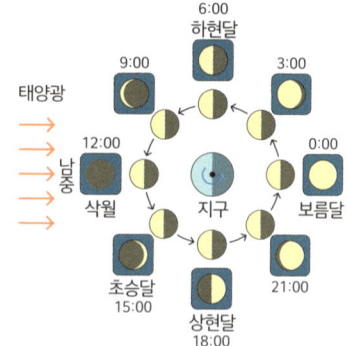

- -

달이 차고 이지러지는 현상 지구에서 달에 태양 빛이 비쳐 보이는 부분은 주기적으로 변한다.

달이 차고 이지러지는 주기 삭월에서 삭월까지의 일수이며 약 29.5일(약 30일).

달의 남중 시각 하루에 약 50분씩 느려진다.

일식과 월식 일식이 일어나는 날의 달은 반드시 삭월이며 월식이 일어나는 날의 달은 반드시 보름달이다. 하지만 삭월, 보름달이 뜨는 날에 늘 일식과 월식이 일어난다고 할 수 없다.

상현달의 하루 움직임

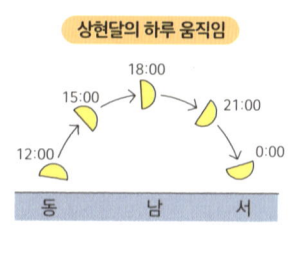

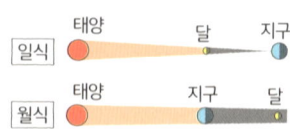

삭월에서 보름달까지는 약 15일, 보름달에서 보름달까지는 약 30일!

일식은 태양이 달(삭월)에 가려지며, 월식은 달(보름달)이 지구의 그림자에 가려지는 현상.

금성을 한밤중에
볼 수 없는 이유는 무엇인가요?

정답

문제
금성을 한밤중에 볼 수 없는 이유는?

금성은 지구보다 더 안쪽에서 태양 둘레를 공전하는 내행성이기 때문이에요.

해설

금성이나 지구처럼 태양 둘레를 공전하는 별을 태양계의 행성이라고 해요. **금성은 지구보다 더 안쪽을 공전합니다**(내행성). 지구상에서는 한밤중에 금성이 태양과 같은 방향(지구의 뒤쪽)에 있기 때문에 금성을 관찰할 수 없어요.

내행성과 외행성

❶ **내행성**: 지구보다 안쪽을 공전하는 행성.
　수성, 금성.

❷ **외행성**: 지구의 바깥쪽을 공전하는 행성.
　화성, 목성, 토성, 천왕성, 해왕성.

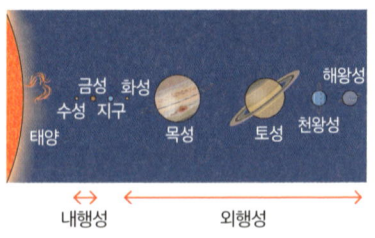

금성이 차고 이지러지는 모습　내행성인
금성은 크게 차고 이지러져서 보인다.

❶ **샛별**: 새벽에 동쪽 하늘에 보이는 금성.

❷ **개밥바라기**: 저녁에 서쪽에 보이는 금성.

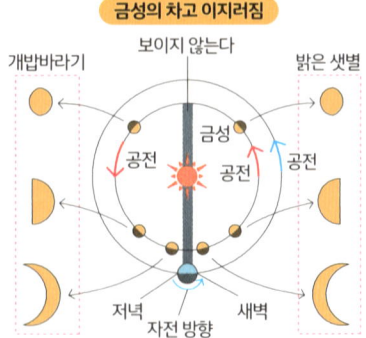

금성의 차고 이지러짐

> 수성, 금성, 지구, 화성을 합쳐서 지구형 행성이라고 하며 밀도가 커요. 목성, 토성, 천왕성, 해왕성을 합쳐서 목성형 행성이라고 하며(가스로 이루어졌기 때문에) 밀도가 작아요.

 태양계의 행성에서 가장 큰 행성은 목성. 금성은 지구와 크기가 거의 같다.

145

화성이 불그스름하게 보이는 이유는 무엇인가요?

문제

화성이 불그스름하게 보이는 이유는?

화성의 표면은 대부분이 붉은 흙과 암석으로 덮여 있기 때문이에요.

해설

화성의 표면은 **산화철을 많이 함유한 불그스름한 흙** 등으로 덮여 있어요. 화성은 지구 지름의 절반 크기이며, 대기도 매우 적고 기온도 –120℃~0℃로 변화가 극심한 별입니다.

화성은 지구보다 바깥쪽을 공전하는 외행성이므로 **지구에서 한밤중에도 관찰할 수 있어요.**

· ·

지구상에서 본 화성의 모습 화성은 **외행성**이므로 금성처럼 크게 차고 이지러지는 일은 없지만 한밤중이라도 관찰할 수 있다.

화성의 공전 주기 지구의 공전 주기가 365일인 것에 비해 화성의 공전 주기는 687일로 길다.

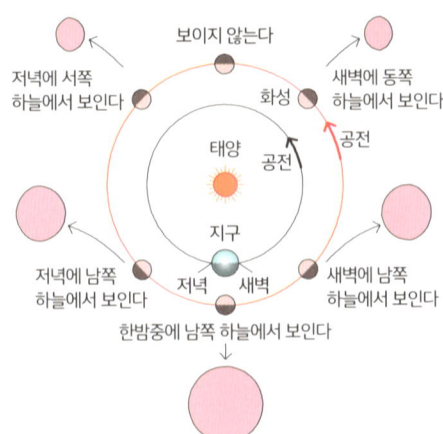

화성이 보이는 방식

보이지 않는다

저녁에 서쪽 하늘에서 보인다

새벽에 동쪽 하늘에서 보인다

화성

태양 공전

공전

지구

저녁 새벽

저녁에 남쪽 하늘에서 보인다

새벽에 남쪽 하늘에서 보인다

한밤중에 남쪽 하늘에서 보인다

※ 크게 차고 이지러지지 않지만 지구에서 본 크기는 장소(지구와의 거리)에 따라 크게 변한다.

지구보다 바깥쪽을 공전하는 행성일수록 공전 주기는 길어져요!

 화성의 대기를 이루는 주성분은 이산화탄소다.

유채꽃에는 꽃잎이 있는데
옥수수 꽃에는 왜 꽃잎이 없나요?

정답

문제
유채꽃에는 꽃잎이 있는데 옥수수 꽃에는 꽃잎이 없는 이유는?

유채꽃은 충매화이지만, 옥수수는 풍매화이기 때문이에요.

해설

식물은 종자를 만들기 위해서 꽃을 피웁니다. 종자를 만들려면 수술의 꽃가루가 암술머리에 묻어야 해요. 이것을 꽃가루받이라고 합니다. 꽃가루를 운반하는 것은 곤충이나 바람 등이 며 유채꽃이나 해바라기처럼 **꽃에 꽃잎이 있는 것은 일반적으로 곤충**이 꽃가루를 운반하며 옥수수처럼 **꽃에 꽃잎이 없는 것은 일반적으로 바람**이 꽃가루를 운반합니다.[※]

※ 새나 물이 운반하는 것도 있다.

· ·

꽃의 4요소 중심에서 순서대로 암술, 수술, 꽃 잎, 꽃받침.

속씨식물 밑씨가 씨방에 쌓여 있는 식물.

❶ **쌍떡잎식물**: 떡잎이 2장.

　통꽃: 민들레, 나팔꽃, 호박 등.

　갈래꽃: 유채꽃, 벚꽃, 완두콩 등.

❷ **외떡잎식물**: 떡잎이 1장. 벼, 튤립 등.

꽃가루받이에서 결실까지 꽃가루받이 후 꽃가 루에서 꽃가루관이 뻗어서 꽃가루관의 정세포가 밑씨의 난세포에 도달해 수정한다. 그리고 씨방은 과실, 밑씨는 종자가 된다.

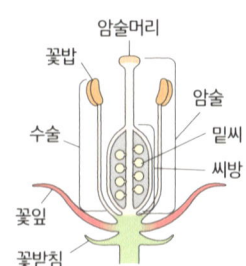

암술머리
꽃밥
암술
수술
밑씨
씨방
꽃잎
꽃받침

쌍떡잎식물　외떡잎식물

떡잎이 2장　떡잎이 1장

통꽃　갈래꽃

나팔꽃 등　유채꽃 등

튤립 등

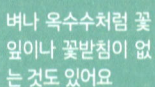
벼나 옥수수처럼 꽃 잎이나 꽃받침이 없 는 것도 있어요

🔖 국화과(민들레 등)의 식물은 작은 꽃이 많이 모여 있다.

149

소나무 꽃은
어느 부분을 말하나요?

정답

문제

소나무의 꽃은 어디일까?

소나무는 수꽃과 암꽃을 피웁니다. 나뭇가지 끝부분의 빨갛게 부푼 부분이 암꽃이며 밑부분의 갈색으로 부푼 부분이 수꽃이에요.

해설

소나무의 암꽃과 수꽃 모두 비늘과 같은 '**비늘 모양 조각(인편)**'이 많이 모여 있는 모양을 띱니다. 암꽃의 인편에는 **밑씨**, 수꽃의 인편에는 **꽃가루주머니**가 있습니다. 암꽃의 밑씨에 수꽃에서 만든 꽃가루가 꽃가루받이해 종자가 생깁니다.

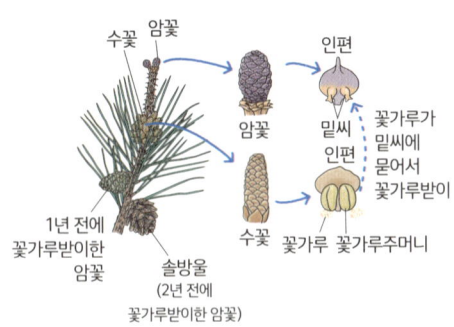

겉씨식물 소나무처럼 씨방이 없고 밑씨가 드러나 있는 식물.

예 소나무, 삼나무, 은행나무, 소철 등

겉씨식물의 꽃가루 겉씨식물의 꽃은 꽃잎이 없어서 바람이 꽃가루를 운반하는 것이 대부분이다.

종자식물 종자로 번식하는 식물. 속씨식물과 겉씨식물을 하나로 합친 것.

소나무의 종자

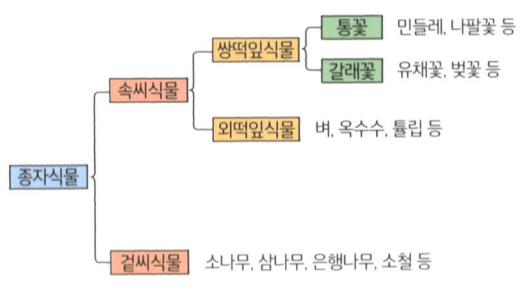

겉씨식물은 수꽃과 암꽃 또는 수포기와 암포기가 있습니다

소나무의 꽃가루, 종자 모두 바람에 운반되기 쉬운 구조다.

고사리나 고비와 같은 산나물은 어떤 식으로 무리를 늘리나요?

정답

고사리 등의 산나물은 어떻게 무리를 늘릴까?

홀씨를 뿌려서 그 홀씨가 축축한 장소에 떨어지면 발아하고 나중에 홀씨체가 됩니다.

해설

고사리, 고비와 같은 **양치식물**은 **홀씨(포자)**라고 **하는 입자를 대량으로 만들고 홀씨를 뿌려서 무리를 늘립니다.** 홀씨는 발아하면 조란기에 있는 난세포에 조정기에서 만들어진 정자가 수정됩니다. 그 후 성장해서 새로운 홀씨체가 되지요.

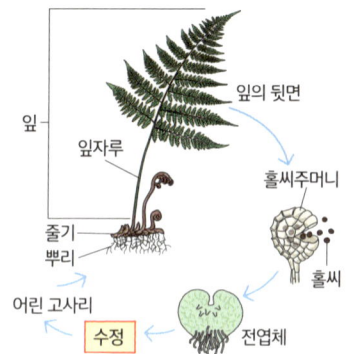

홀씨로 늘리는 식물   양치식물과 선태식물이 있다.

❶ **양치식물**: 뿌리·줄기·잎의 구별이 있으며 관다발이 있다. 습한 장소에서 생육한다.

예 고사리, 고비, 다시마일엽초, 쇠뜨기 등

❷ **선태식물**: 뿌리·줄기·잎의 구별이 없고 관다발이 없다. 몸 전체에서 물을 흡수하므로 양치식물보다 더 습한 장소에서 생육한다. 수포기와 암포기가 있다.

예 우산이끼, 솔이끼

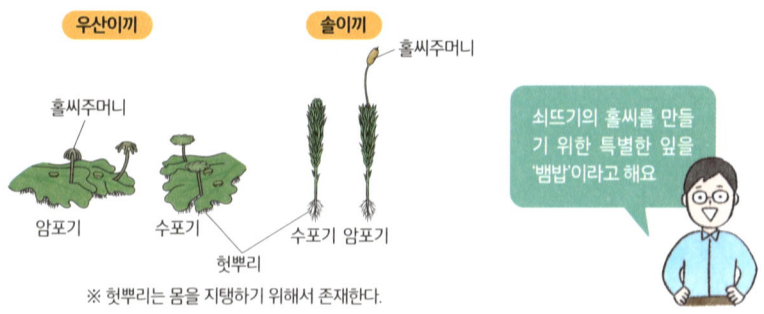

※ 헛뿌리는 몸을 지탱하기 위해서 존재한다.

쇠뜨기의 홀씨를 만들기 위한 특별한 잎을 '뱀밥'이라고 해요

📖 홀씨로 늘리는 식물은 종자식물처럼 꽃가루받이를 하지 않는다.

곤충의 몸은
왜 딱딱한 껍데기로
덮여 있나요?

싸워라

싸워라─

몸의 내부에 뼈가 없어서 표면의 딱딱한 껍데기가 몸을 지탱하고 몸의 내부를 보호하는 역할을 하기 때문이에요.

해설

곤충처럼 몸의 내부에 뼈(내골격)가 없는 동물을 통틀어서 **무척추동물**이라고 하며, 그중에서도 특히 표면이 딱딱한 껍데기(외골격)로 덮여 있고 다리에 마디가 있는 동물을 **절지동물**이라고 해요. 절지동물은 곤충류, 거미류, 다지류, 갑각류로 분류됩니다.

절지동물 무척추동물의 분류 중 하나. 외골격이 없고 다리에 마디가 있다.

❶ **곤충류**: 머리·가슴·배로 나뉜다. 다리 6개. 기관으로 호흡한다.

❷ **거미류**: 머리가슴·배로 나뉜다. 다리 8개. 책허파로 호흡한다. **예** 거미, 진드기, 전갈

❸ **다지류**: 머리·몸통으로 나뉜다. 기관으로 호흡한다. **예** 지네, 노래기, 그리마(돈벌레)

❹ **갑각류**: 머리가슴·배로 나뉜다. 아가미로 호흡한다. **예** 새우, 게, 공벌레

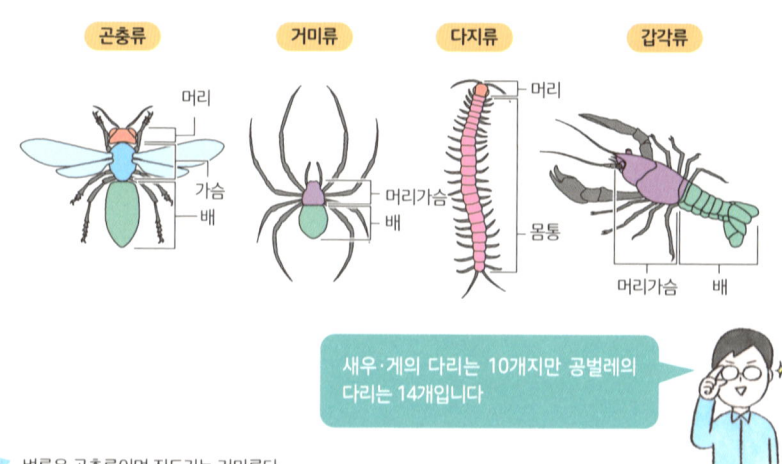

새우·게의 다리는 10개지만 공벌레의 다리는 14개입니다

🔹 벼룩은 곤충류이며 진드기는 거미류다.

오징어의 내장은
어디에 있나요?

문제

오징어의 내장은 어디에 있을까?

외투막이라고 해서 눈보다 윗부분의 내부에 있어요.

해설

오징어는 **연체동물**이라고 하는 **무척추동물**의 일종이에요. 그중에서도 오징어는 두족류라고 하는데 눈 위에 있는 외투막의 내부에 내장이 있지요. 그 밖에도 연체동물로 분류되는 동물로는 문어, 달팽이, 민달팽이, 이매패류(바지락 등)가 있습니다.

· ·

무척추동물 중 절지동물 이외의 동물
❶ **연체동물**: 문어, 오징어, 달팽이, 민달팽이, 이매패류 등.
❷ **극피동물**: 성게, 불가사리 등.
❸ **환형동물**: 지렁이, 갯지렁이, 거머리 등.

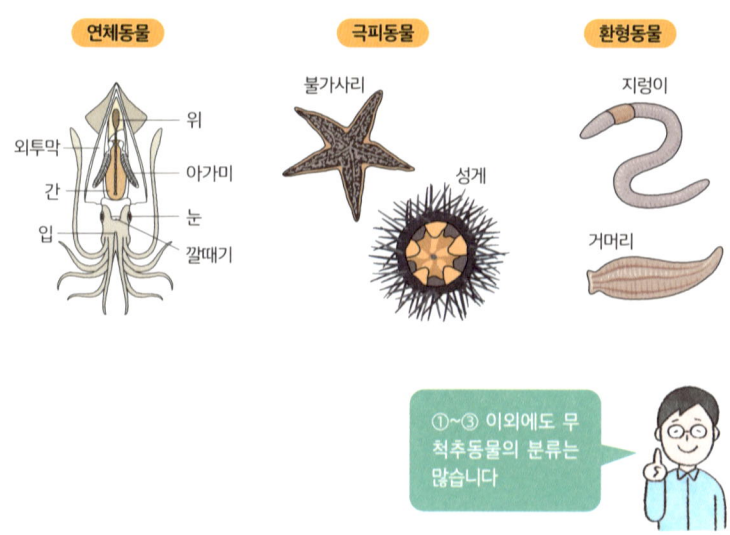

①~③ 이외에도 무척추동물의 분류는 많습니다

🔹 소라게는 패각을 짊어진 갑각류 무리다.

영원※과 도마뱀붙이의 차이는
무엇인가요?

난
영원이야

난
도마뱀붙이야

※도롱뇽의 일종

158

정답   문제

영원과 도마뱀붙이의 차이는 무엇일까?

영원은 양서류로 분류되며 도마뱀붙이는 파충류로 분류됩니다.

해설

영원과 도마뱀붙이 모두 내골격이 있는 척추동물의 일종인데 **영원은 양서류, 도마뱀붙이는 파충류**에 속해요. 양서류의 유생은 물속에서 생활하고 아가미로 호흡하며, 성체는 육지에서 생활해서 허파와 피부로 호흡합니다. 한편 파충류는 일반적으로 평생 육지에서 생활하고, 평생 허파로 호흡하지요.

· ·

척추동물 내골격이 있는 동물, 어류, 양서류, 파충류, 조류, 포유류로 분류된다.

❶ **어류**: 상어, 미꾸라지, 해마, 장어 등.

❷ **양서류**: 개구리, 영원, 도롱뇽 등.

❸ **파충류**: 도마뱀, 도마뱀붙이, 거북이, 뱀, 악어 등.

❹ **조류**: 비둘기, 펭귄, 공작, 펠리컨 등.

❺ **포유류**: 인간, 박쥐, 고래, 범고래, 돌고래 등.

	어류	양서류	파충류	조류	포유류
생활	물속	육상			
산란	물속		육상		태생
수정	체외 수정		체내 수정		
호흡	아가미 호흡		허파 호흡		
몸의 표면	비늘	피부·점막	비늘·등딱지	깃털	체모
체온	변온			항온	
심장	1심방·1심실	2심방·1심실		2심방·2심실	

양서류는 유생이 성체가 될 때 몸 구조가 크게 바뀝니다

🔹 파충류 심장은 심실을 두 개로 나누는 불완전한 벽이 있다.

 159

고래가 해수면 가까이에서
바닷물을 내뿜는
이유는 무엇인가요?

대단하다~

정답

문제

고래가 물을 내뿜는 이유는?

고래는 포유류라서 허파로 호흡하므로 물속에서 호흡하지 못하고 해수면 위로 나와서 공기를 내뿜기 때문이에요.

해설

포유류인 고래는 **허파 호흡**을 합니다. 해수면 위로 나오자마자 공기를 내뿜을 때 콧구멍의 움푹 팬 곳에 고인 바닷물이 안개처럼 날려서 하얗게 보입니다. 포유류는 평생 허파로 호흡하고 출생 방법은 **태생**(부모와 닮은 모습으로 태어난다)이에요. 또한 **항온동물**이라서 체온이 거의 일정합니다.

∙∙∙

척추동물의 호흡   아가미 호흡과 허파 호흡으로 나뉜다.
척추동물의 수정 방법   체외 수정과 체내 수정으로 나뉜다.
❶ **체외 수정**: 체외에서 수컷의 정자와 암컷의 알이 수정한다 (어류, 양서류).
❷ **체내 수정**: 암컷의 몸속에서 수컷의 정자와 암컷의 난자가 수정한다(파충류, 조류, 포유류).
척추동물의 체온   항온동물과 변온동물로 나뉜다.
❶ **항온동물**: 체온이 늘 거의 일정하다(조류, 포유류).
❷ **변온동물**: 체온이 기온에 따라 변한다(어류, 양서류, 파충류).

> 파충류나 양서류, 일부 포유류는 동면합니다(다람쥐, 겨울잠쥐, 박쥐 등은 포유류지만 겨울에 체온이 내려가요)

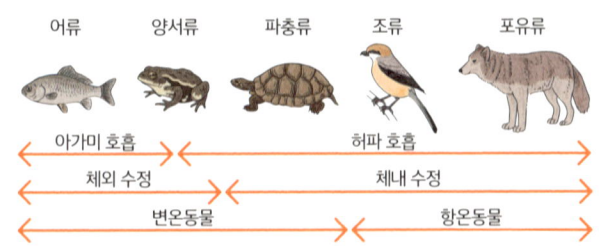

| 어류 | 양서류 | 파충류 | 조류 | 포유류 |

아가미 호흡 ← → 허파 호흡
체외 수정 ← → 체내 수정
변온동물 ← → 항온동물

🔹 곰은 항온동물이므로 동면이 아니라 '월동'이라 한다.

생물

문제 08

잎 앞쪽의 녹색이
더 진한 식물이 많은 이유는
무엇인가요?

앞면 · 앞뒤가 있네 · 뒷면

정답

문제
잎 앞쪽의 녹색이 더 진한 식물이 많은 이유는?

수많은 식물은 엽록체를 가진 세포가 잎의 앞쪽에 잔뜩 모여 있기 때문이에요.

해설

식물은 태양광 에너지를 이용해 엽록체로 광합성을 해서 영양분을 만듭니다. 엽록체를 가진 세포는 **태양 광이 잘 닿는 잎의 앞쪽에 잔뜩 모여 있지요.** 그래서 잎 앞쪽의 녹색이 더 진합니다.

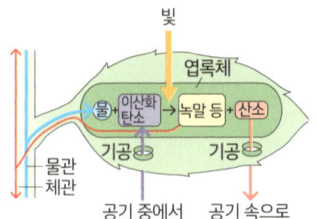

광합성   식물이 빛에너지를 이용해 이산화탄소와 물에서 영양분과 산소를 만들어내는 작용. 물+이산화탄소→영양분(녹말)+산소.

관다발   뿌리·줄기·잎에 있는 물관과 체관을 합친 것.

❶ **물관**: 뿌리에서 흡수한 물과 비료가 지나는 길.

❷ **체관**: 잎에서 만든 영양분이 지나는 길

잎의 내부 구조

❶ **관다발**: 잎의 앞쪽이 물관, 뒤쪽이 체관(합해서 잎맥이라고 한다).

❷ **울타리 조직**: 잎 내부의 앞쪽에 있는 세포가 잔뜩 모인 것.

❸ **해면상 조직**: 잎 내부의 뒤쪽에 있는 세포가 드문드문 모인 것.

❹ **공변세포**: 표피에 있는 **엽록체**를 지닌 초승달 모양의 세포.

❺ **기공**: 공변세포의 틈. 기체가 드나드는 입구.

표피의 세포에 엽록체는 없어요(공변세포에는 있다)

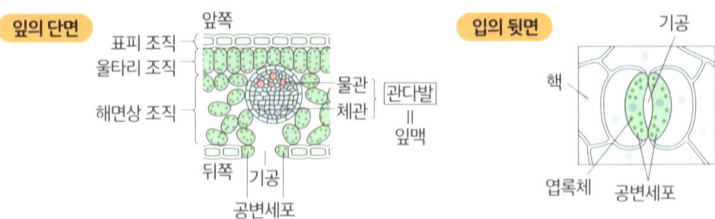

🔹 해면상 조직의 세포에 있는 틈에 물이나 양분을 저장할 수 있다.

문제 09

식물을 어두운 곳에
장시간 방치해 놓으면
왜 시드나요?

정답

 문제

식물을 어두운 곳에 장시간 방치해 놓으면 시드는 이유는?

호흡만 할 수 있는 상태라서 체내의 영양분이 감소하기 때문이에요.

해설

식물은 광합성으로 만든 영양분의 일부※를 호흡에 사용하며 살아가기 위한 에너지를 만들어냅니다. 빛이 없는 상태에서는 **광합성을 하지 못하고 체내의 영양분이 호흡에 쓰이기만 해서** 체내의 영양분이 감소해 시들어버려요.

※ 남은 영양분은 저장된다.

광합성으로 만든 녹말은 당분으로 바뀌어서 체관을 지나 전체로 운반됩니다

· ·

호흡   식물이 살아가기 위한 에너지를 만들어내는 작용. 온종일 실시한다.

산소+영양분→이산화탄소+물

광합성량과 빛의 강도   어느 양까지는 빛의 세기가 강해지면 광합성량도 많아진다.

증산 작용   식물이 새로운 수분을 흡수하기 위해서 기공을 통해 수증기를 내보내는 작용.
① 기온이 높고, ②습도가 낮고, ③ 바람이 잘 통하면 활발해진다.

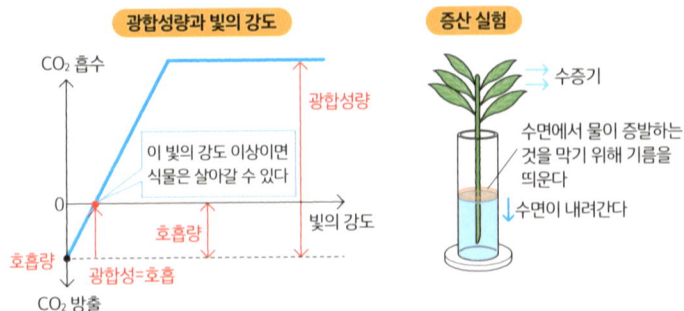

광합성량과 빛의 강도 / 증산 실험

광합성량은 빛의 양이 어느 정도 이상이 되면 변하지 않게 된다.

쌀밥을 계속 씹으면
단맛이 나는 이유는
무엇인가요?

정답

문제
쌀밥을 계속 씹으면 단맛이 나는 이유는?

침 속에 함유된 소화 효소 때문에 녹말이 맥아당으로 바뀌었기 때문이에요.

해설

침 속에는 **아밀레이스**라고 하는 **소화 효소**가 들어 있어요. 이 효소로 인해 쌀의 주성분인 녹말을 **맥아당**이라는 당분의 일종으로 변합니다. 아밀레이스는 이자(췌장)에서 분비되는 소화액인 **이자액**에도 함유되어 있습니다. 맥아당은 다시 이자액이나 작은창자에서 분비되는 소화액을 통해 **포도당**으로 변해 작은창자의 내벽에 있는 **융모**로 흡수되지요.

소화액과 소화 효소 침, 위액, 이자액, 장액(작은창자에서 만들어진다)의 소화액에는 각각 소화 효소가 들어 있다. 각 소화 효소는 탄수화물(녹말), 단백질, 지방 등의 영양분을 혈액에 녹는 형태로 변화시킨다.

융모(유돌기) 작은창자의 안쪽에 많이 있는 '주름'을 **융모(유돌기)**라고 한다. **표면적을 크게 해서 영양의 흡수율을 높이는 작용**을 한다. 소화액은 **녹말→포도당, 단백질→아미노산, 지방→지방산과 모노글리세리드**로 분해하고, 이는 융모의 모세혈관이나 림프관에 흡수된다.

간에서 만들어지는 쓸개즙에는 소화 효소가 들어 있지 않아요. 대신 혈액과 지방을 섞이게 하는 '유화 작용'이라는 기능을 해요

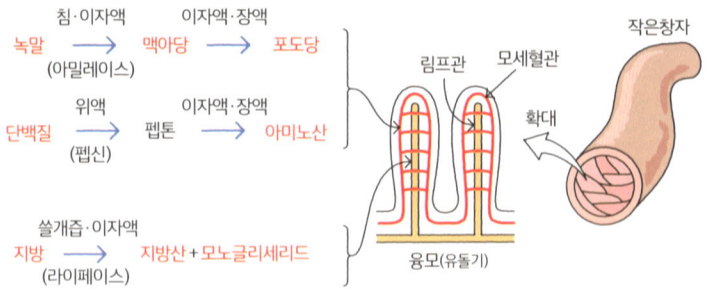

▶ 지방산, 모노글리세리드는 융모의 '림프관'을 지난다(지방 전용 통로).

생물

문제 11

심호흡하면 갈비뼈는 왜 올라가나요?

정답

갈비뼈를 올리고 횡격막을 내려서 허파 속에 공기를 보내기 위함이에요.

해설

사람이 숨을 쉴 때 허파 속에 공기가 들어가는 것은 갈비뼈를 올리고 횡격막을 내려서 허파가 수용된 공간인 가슴안(흉강)의 압력이 낮아지기 때문이에요. 공기는 기관에서 기관지, 허파꽈리로 보내지며, **허파꽈리에서 산소와 이산화탄소의 교환이 이루어져요.**

	갈비뼈	횡격막
숨을 들이마신다	올라간다	내려간다
숨을 내쉰다	내려간다	올라간다

··

허파꽈리 지름 0.1~0.2mm의 주머니 모양이며 약 3~6억 개가 있다. 산소와 이산화탄소가 교환된다.

모세혈관 허파꽈리를 에워싼 모세혈관에 허파꽈리에서 산소가 건너오는 대신, 모세혈관에서 이산화탄소가 허파꽈리로 건너간다.

호기와 흡기

❶ **호기(내쉬는 숨):** 질소: 약 78%, 산소: 약 16%, 이산화탄소: 약 5%, 그 외 수증기 등.

❷ **흡기(들이마시는 숨):** 질소: 약 78%, 산소: 약 21%, 이산화탄소: 약 0.04% 등.

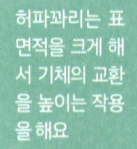

허파꽈리는 표면적을 크게 해서 기체의 교환을 높이는 작용을 해요

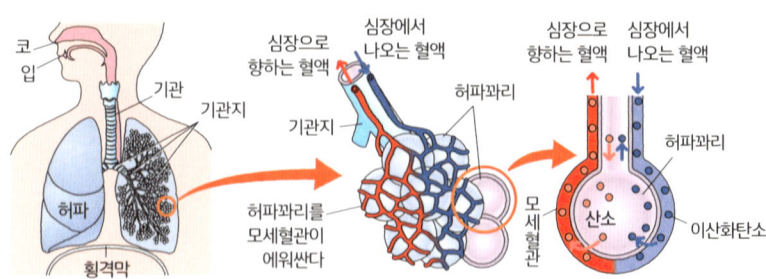

🔹 모세혈관에서 받아들인 산소는 온몸의 세포로 운반되어 세포 호흡에 사용된다.

생물

문제 12

격렬한 운동을 하면
심박수가 왜 올라가나요?

심장이 온몸에 단시간에 많은 산소를 보내려고 하기 때문이에요.

해설

격렬한 운동을 하면 **근육에 산소가 많이 필요하기** 때문에 호흡이 격해집니다. 그와 동시에 **온몸에 혈액을 보내는 펌프 기능을 하는 심장의 움직임도 격렬해져서 심박수가 올라가지요.** 그로 인해 단시간에 수많은 산소를 온몸에 보낼 수 있어요.

혈액의 성분 고체 성분인 적혈구, 백혈구, 혈소판, 액체 성분인 혈장이 있다.

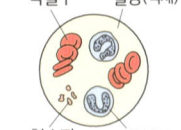

❶ **적혈구**: 산소를 운반한다.

❷ **백혈구**: 세균이나 바이러스로부터 몸을 보호한다.

❸ **혈소판**: 혈액을 굳힌다(딱지를 만든다).

❹ **혈장**: 영양분, 불필요한 물질 등을 운반한다.

심장의 구조 **2심방 2심실**로 구성되었다. 좌심실의 근육이 가장 두껍다.

동맥 **심장에서 나오는 혈액**이 흐르는 혈관.

정맥 **심장으로 향하는 혈액**이 흐르는 혈관(안에 **역류를 막기 위한 판막**이 있다).

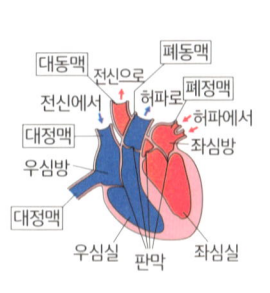

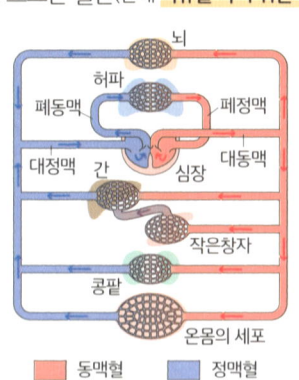

좌심실의 근육이 두꺼운 이유는 온몸에 혈액을 보내는 데 큰 힘이 필요하기 때문이에요!

동맥혈　　정맥혈

🔹 산소를 많이 함유하는 혈액이 동맥혈, 이산화탄소를 많이 포함하는 혈액이 정맥혈.

요소와 오줌은
각각 몸속의 어디에서 만들어지나요?

정답

'요소'는 간, '오줌'은 콩팥(신장)에서 만들어진다.

해설

체내에서는 **암모니아라**는 유해한 물질이 만들어집니다. 간에서는 암모니아를 해가 적은 **요소**로 바꾸는 작용을 하며, 요소를 함유한 체내의 불필요한 물질은 콩팥에서 만드는 **오줌**으로 걸러져서 몸 밖으로 배출됩니다. 콩팥에서 만들어진 오줌은 수뇨관을 지나 방광에 잠시 모아둘 수 있답니다.

· ·

간의 역할 암모니아를 요소로 바꾸는 것 외에도 수많은 기능을 한다.

예 ① 쓸개즙을 만든다 ② 포도당을 글리코젠으로 바꾸어서 잠시 저장한다

③ 오래된 적혈구를 파괴한다 ④ 혈액을 비축한다 등

신정맥 콩팥에서 심장으로 가는 혈액이 흐르는 혈관이며, **이산화탄소 이외의 불필요한 물질이 가장 적은 혈액**이 흐른다.

방광 콩팥에서 만들어진 오줌을 잠시 저장한다. 성인의 오줌량은 하루에 약 1000~1500mL. 방광에 오줌 100~150mL가 차면 첫 번째 요의가 느껴진다.

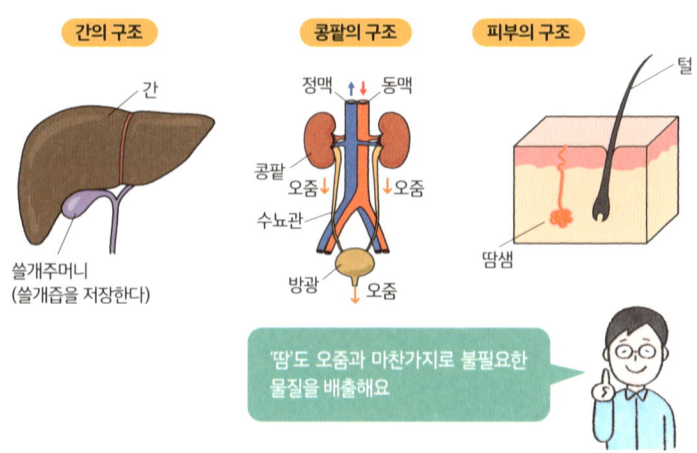

간의 구조

간

쓸개주머니
(쓸개즙을 저장한다)

콩팥의 구조

정맥 ↑↓ 동맥

콩팥
오줌↓   ↓오줌

수뇨관

방광   오줌

피부의 구조

털

땀샘

'땀'도 오줌과 마찬가지로 불필요한 물질을 배출해요

혈액 속의 당분은 콩팥에서 만드는 오줌에는 포함되지 않고 수분과 함께 몸에 재흡수된다.

173

'아킬레스건'은
어떤 기능을 하나요?

정답

종아리 근육과 뒤꿈치의 뼈를 연결해요.

해설

인체는 근육이 뼈를 움직이게 해서 활동하는 구조를 이룹니다.

'건'은 **뼈와 근육을 연결하는 역할**을 하는데, 대부분의 성분이 콜라겐이며 흰색을 띱니다. 아킬레스건은 인체에서 가장 큰 건이에요.

· ·

골격과 뼈의 역할

뼈의 주성분은 칼슘이며, 약 200종류의 뼈가 조합되어 골격을 형성한다.

❶ **몸을 움직이게 한다**: 손·발의 뼈.

❷ **몸을 지탱한다**: 척추·골반.

❸ **내부를 보호한다**: 갈비뼈·머리뼈.

관절 뼈와 뼈를 연결하는 방법 중 하나이며 정해진 방향으로 크게 움직일 수 있다.

근육 약 300종류 정도 있으며 주성분은 단백질.

❶ **골격근**: 의식해서 움직일 수 있다.

❷ **민무늬근**: 장기나 혈관을 무의식적으로 움직이게 한다.

❸ **심근**: 심장을 무의식적으로 움직이게 하는 근육.

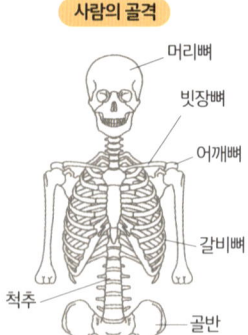

사람의 골격

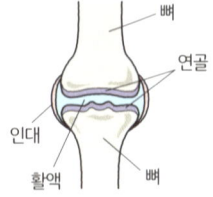

사람의 관절

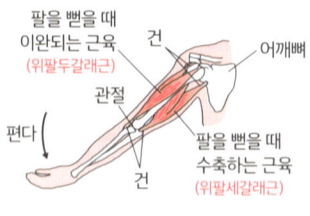

근육은 수축할 때 힘을 만들어내요

💧 근육 트레이닝으로 단련하는 근육은 골격근이다.

어두운 방에 들어가면
'동공'이 커지는 이유는
무엇인가요?

눈이 새카매!!

정답

어두운 방에 들어가면 '동공'이 커지는 이유는?

눈에 많은 빛을 넣으려고 홍채가 열리기 때문이에요.

> **해설**

눈이나 귀처럼 외부에서 자극을 감지해 뇌에 전달하는 기관을 일컬어 **감각기관**이라고 해요. 동공에 들어온 빛은 렌즈(수정체)에서 굴절되고 망막에 상이 맺힙니다. 망막에는 감각세포가 존재해서 상을 전기 신호로 변환해 뇌에 정보를 전달합니다.

· ·

눈의 구조   망막에 감각세포가 존재한다.

❶ **홍채**: 빛의 양을 조절한다.

❷ **각막**: 눈의 내부를 보호한다.

❸ **수정체**: 빛을 굴절시킨다.

❹ **유리체**: 안구의 형태를 유지한다.

❺ **망막**: 맺힌 상에 관한 정보를 전기 신호로 바꾼다.

❻ **시신경**: 망막에서의 전기 신호를 뇌에 전달하는 경로.

귀의 구조   귀는 소리의 자극을 뇌에 전달한다. 소리의 자극이 뇌에 전달되기까지의 경로는 **고막 → 이소골 → 달팽이관 → 청신경 → 뇌.**

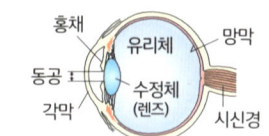
눈의 구조

홍채 / 유리체 / 망막 / 동공 / 수정체(렌즈) / 각막 / 시신경

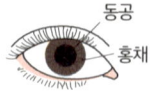
동공 / 홍채

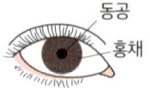
동공 / 홍채

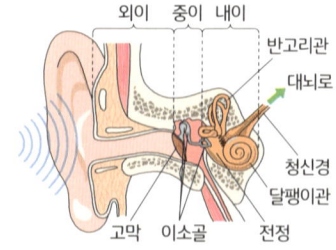
귀의 구조

외이 / 중이 / 내이 / 반고리관 / 대뇌로 / 청신경 / 달팽이관 / 고막 / 이소골 / 전정

> 귀에는 소리의 자극을 느끼는 기능 외에도 압력을 조절하는 '유스타키오관(이관)', 몸의 회전을 감지하는 '반고리관', 몸의 기울기를 감지하는 '전정' 등도 있어요.

 귀의 경우 감각세포가 '달팽이관'에 존재한다.

뜨거운 물체를 만지면
자신도 모르게
손을 떼는 이유는 무엇인가요?

정답

뜨거운 것을 만지면 자신도 모르게 손을 떼는 이유는?

피부에서 받은 자극이 뇌를 경유하지 않고 척수에서 내린 지령으로 근육이 반응하기 때문이에요.

해설

반응에는 의식해서 일어나는 반응과 무의식적으로 일어나는 반응이 있어요. 의식해서 일어나는 반응은 감각기관에서 뇌를 경유해 **뇌가 내린 지령에 따라 근육에서 반응이 일어납니다.** '나도 모르게' 일어나는 무의식 반응은 **뇌를 경유하지 않고 척수에서 내린 지령에 따라 근육에서 반응이 일어납니다.** 이러한 무의식적으로 일어나는 반응을 **반사**라고 합니다.

. . . .

중추신경 뇌와 척수로 구성된 것. 근육에 지령을 내린다.

말초신경 감각신경과 운동신경으로 이루어진 것.

❶ **감각신경**: 감각기관에서 중추신경으로 전달하는 신경.

❷ **운동신경**: 중추신경에서 근육으로 전달하는 신경.

자극에서 반응까지

예 누가 어깨를 쳐서 뒤돌아봤다

감각기관(피부) → 감각신경 → 척수 → 뇌 → 척수 → 운동신경 → 근육

예 반사 뜨거운 것을 만지고 무의식중에 손을 뗐다

감각기관(피부) → 감각신경 → 척수 → 운동신경 → 근육

'음식을 입에 넣으면 침이 나오는' 것도 반사의 예로 들 수 있어요!

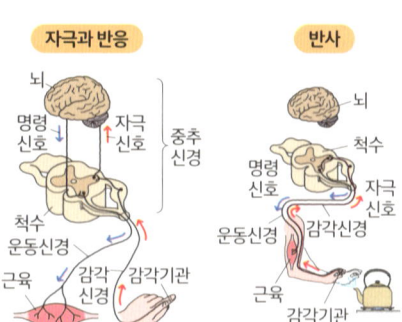

자극과 반응

뇌
명령 신호 ← 자극 신호
중추 신경
척수
운동신경
근육 ← 감각 신경 ← 감각기관

반사

뇌
척수
명령 신호 ← 자극 신호
운동신경 → 감각신경
근육 ← 감각기관

반사는 '몸을 위험에서 보호한다', '몸의 기능을 조절한다' 등의 작용을 한다.

다세포생물의 몸은 어떻게 커지나요?

문제
다세포생물의 몸은 어떻게 커질까?

체세포 분열과 성장을 반복해서 커져요.

해설

세포란 생물의 몸을 구성하는 기본 단위이며 다세포생물의 경우 여러 세포가 모여서 개체를 형성합니다. **세포는 체세포 분열을 활발하게 진행해서 세포 수를 늘리고 각 세포가 성장해서 커집니다.**

세포는 **동물세포**와 **식물세포**가 있으며 이 둘은 공통점과 차이점이 있어요.

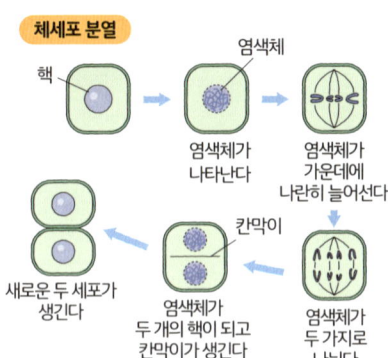

세포분열

핵 → 염색체가 나타난다 → 염색체가 가운데에 나란히 늘어선다 → 염색체가 두 가지로 나뉜다 → 염색체가 두 개의 핵이 되고 칸막이가 생긴다 → 새로운 두 세포가 생긴다

세포의 구성   동물세포와 식물세포가 있다.

❶ **공통점**: **핵, 세포질, 세포막**이 있다. 핵 안에는 **염색체**가 있다.

❷ **차이점**: 식물세포에는 **세포벽, 엽록체**가 있다. 식물세포는 **액포**가 눈에 띈다.

체세포 분열   다세포생물은 세포가 분열·성장을 반복해서 커진다.

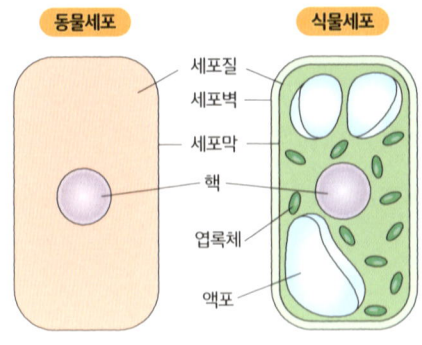

동물세포 / 식물세포

세포질 / 세포벽 / 세포막 / 핵 / 엽록체 / 액포

세포질은 세포막 안의 핵을 들여다보는 부분이에요. 염색체 안에는 유전 정보가 있어요

식물세포의 세포벽은 몸을 단단히 지탱하는 기능을 한다.

개구리가 물속에서
알을 낳는 이유는 무엇인가요?

정답

문제

개구리가 물속에서 알을 낳는 이유는?

물속에서 암컷이 낳은 알과 수컷의 정자가 체외 수정하기 때문이에요.

해설

어류나 양서류는 **체외 수정**하므로 **수컷의 정자가 헤엄쳐서 알에 도착할 수 있게 물속에 알을 낳습니다.**

한편 파충류, 조류, 포유류, 곤충 등은 암컷의 몸속에 수컷이 정자를 보내는 **체내 수정**을 합니다. 수정한 것을 **수정란**이라고 하며 수정란은 세포 분열을 활발하게 진행해서 몸을 만듭니다.

개구리의 번식

정자 — 수정 — 수정란 — 배아

알

(허파와 피부로 호흡) ← 올챙이 (아가미로 호흡)

- -

수정과 수정란   암컷의 알과 수컷의 정자가 결합하는 것을 **수정**이라고 하며, 결합한 것을 **수정란**이라고 한다. 수정란은 **세포 분열**을 반복해서 커진다.

체외 수정   몸 밖에서 수정하므로 수정될 확률이 낮다. 그래서 알과 정자를 대량으로 방출한다(개복치의 산란 수는 수억 개!).

체내 수정   체외 수정에 비해서 수정될 확률이 높다.

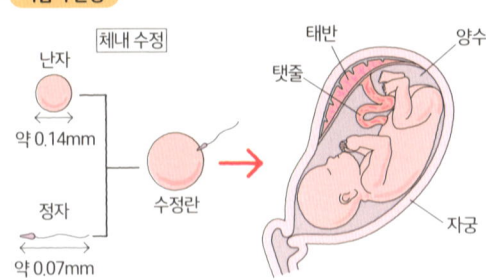

사람의 탄생

체내 수정

난자

약 0.14mm

정자

약 0.07mm

수정란

태반

탯줄

양수

자궁

체외 수정의 경우 수정 후에도 주위에 적이 많기 때문에 부화율도 낮답니다

🔹 사람의 태아는 탯줄을 통해서 모체에게 영양분과 산소를 받는다.

맛있는 감자에서
맛이 같은 감자를 재배하려면
어떻게 해야 하나요?

같은 감자를
재배하고 싶어!!

이 감자
너무 맛있잖아!!

정답

문제

맛있는 감자에서 맛이 같은 감자를 재배하려면 어떻게 해야 할까?

맛있는 감자를 씨감자로 해서 밭에 심어서 키웁니다.

해설

종자식물은 원래 종자로 번식하는데 **감자 등은 씨감자로 번식할 수 있습니다.** 이렇게 암수 (수술, 암술) 구분 없이 무리를 늘리는 방법을 **무성 생식**이라고 합니다.

무성 생식에는 감자와 같은 **영양 생식**과 아메바나 짚신벌레와 같은 **분열** 등이 있습니다

무성 생식 암수가 필요 없는 번식 방법. 부모와 완전히 똑같은 형질을 이룬다.

❶ **영양 생식:** 식물의 뿌리, 줄기, 잎의 영양기관을 통해 다음 세대의 식물을 번식시킨다.
예 감자, 고구마 등

❷ **분열:** 단세포생물이 개체를 늘리는 방법.
예 아메바, 짚신벌레, 연두벌레 등

무성 생식에는 부모와 같은 유전 자를 자손이 갖는다는 이점이 있 습니다. 동시에 자손이 환경 변화 에 적응하지 못할 수 있다는 결점 도 있답니다

영양 생식

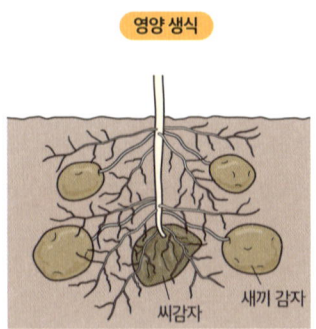

씨감자
새끼 감자

분열

아메바   클로스테리움

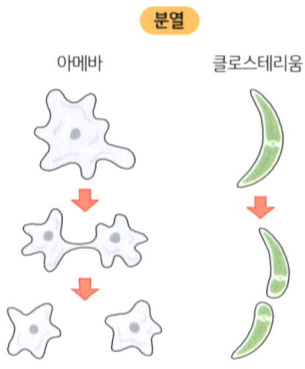

📎 튤립을 구근으로 늘리는 방법도 영양 생식이다.

생물

문제 20

아이에게 부모를 닮은 부분, 닮지 않은 부분이 있는 이유는 무엇인가요?

닮았나요?

정답

아이에게 부모와 닮은 부분과 닮지 않은 부분이 있는 이유는?

아이는 아빠와 엄마에게서 유전자를 이어받는 유성 생식으로 생기기 때문이에요.

해설

암수가 필요한 번식 방법을 **유성 생식**이라고 합니다. 암수에게서 만들어진 생식세포가 결합해 수정란이 되고 수정란은 체세포 분열을 활발하게 해서 성장합니다. 생식세포가 만들어질 때 염색체 수는 체세포가 가진 염색체 수의 절반이며 이를 **감수 분열**이라고 해요.

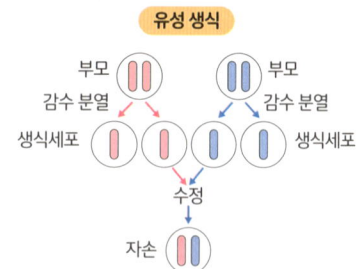

유성 생식

유성 생식 암수가 필요한 번식 방법. **부모와 반드시 같은 형질을 이룬다고 할 수 없다.** 암수의 생식기관에서 만든 생식세포가 교배를 통해 자손이 생긴다.

염색체 DNA 등이 포함되어 유전 정보가 담겨 있다.

감수 분열 생식세포가 만들어질 때 **염색체 수가 체세포의 절반이 되는 분열.**

멘델의 법칙 유전학을 탄생시키는 계기가 된 법칙. ① 분리의 법칙, ② 독립의 법칙, ③ 우열의 법칙이 있다.

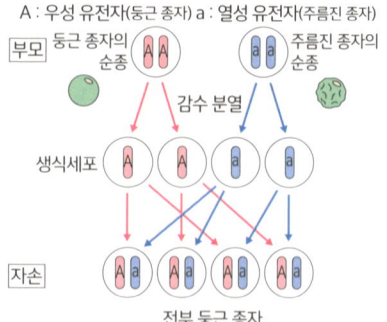

완두콩의 종자

A : 우성 유전자(둥근 종자) a : 열성 유전자(주름진 종자)

'형질'이란 생물이 가진 성질이나 특징을 말해요!

사람의 염색체는 46개(23쌍)이며 고양이는 38개다.

초식동물의 개체수가 줄어들면
그 외 생물의 개체수는
어떻게 되나요?

우두커니

정답

문제

초식동물의 개체수가 감소하면 다른 생물의 개체수는 어떻게 될까?

육식동물의 개체수는 일시적으로 줄어들고 식물의 개체수는 일시적으로 증가해요. 하지만 최종적으로 원래의 개체수와 비슷한 상태가 됩니다.

해설

자연계의 생물끼리 잡아먹고 잡아먹히는 관계를 먹이사슬이라고 해요. 초식동물의 개체수가 감소하면 그것을 먹이로 삼는 육식동물의 개체수가 감소하고, 초식동물의 먹이였던 식물의 수는 증가합니다. 그러나 초식동물의 먹이가 증가하므로 초식동물의 개체수는 증가하고 육식동물의 개체수도 증가해서 결국 원래의 개체수와 거의 같은 상태가 됩니다.

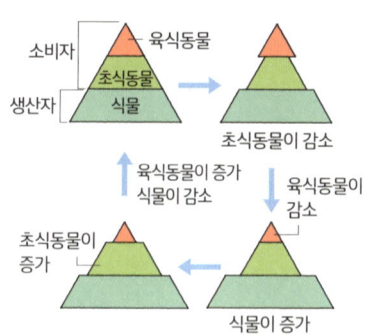

> 개체수의 관계는
> 녹색식물 > 초식동물 > 육식동물

생태계 관련이 있는 생물과 그들이 살아가는 자연환경을 포함한 것.

먹이사슬 생물끼리 잡아먹고 잡아먹히는 관계.

① **생산자**: 녹색식물과 같은 광합성으로 무기물(이산화탄소·물)에서 산소와 유기물(녹말)을 만들어내는 생물.

② **소비자**: 초식동물이나 육식동물처럼 다른 생물을 잡아먹어서 유기물을 받아들이는 생물.

초식동물

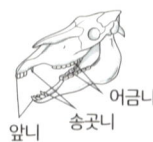

얼룩말

앞니 / 송곳니 / 어금니

육식동물

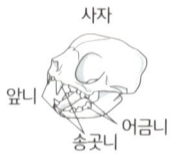

사자

앞니 / 송곳니 / 어금니

🔖 초식동물은 '1차 소비자', 육식동물은 '2차 소비자'라고도 한다.

곰팡이나 버섯류는
자연계에서 어떤 역할을 하나요?

정답

문제
곰팡이나 버섯의 무리는 자연계에서 어떤 역할을 할까?

식물의 시든 잎이나 동물의 배설물이나 사체 등의 유기물을 분해해서 무기물로 바꿉니다.

해설

곰팡이나 버섯류는 **호흡으로 살아가기 위한 에너지를 만들어냅니다.** 그때 식물의 시든 잎, 동물의 배설물, 사체와 같은 **유기물을 분해해 무기물을 만들어내지요.** 따라서 곰팡이나 버섯류는 생물계에서는 '**분해자**'라고 합니다.

· ·

분해자   곰팡이나 버섯류를 생물계에서 분해자라 부른다.
탄소의 순환   생산자, 소비자, 분해자 사이에서 순환한다.
❶ **생산자**: 녹색식물 (광합성과 호흡을 한다) ※ 광합성은 낮에만 한다
❷ **소비자**: 초식동물, 육식동물 (호흡을 한다)
❸ **분해자**: 곰팡이나 버섯류 (호흡을 한다)

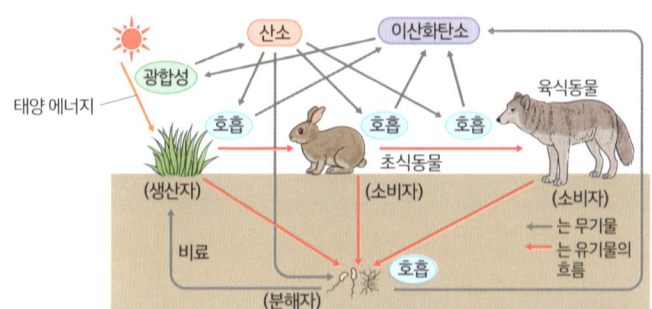

분해자는 소비자 중에서도 생물의 사체나 배출물을 섭취하는 생물을 가리켜요
(균류, 세균류 등)

👉 자연계에서 생물이 살아갈 수 있는 원천이 되는 에너지는 태양 에너지다.

지구 온난화는
왜 진행되나요?

화석 연료의 대량 소비, 나무 벌채 등이 원인이며, 대기 중의 이산화탄소가 증가하기 때문이에요.

해설

이산화탄소는 태양광의 일부를 흡수하는 성질이 있습니다. 그 **이산화탄소가 대기 중에 증가하면 대기의 온도가 상승하지요.** 화력 발전 등을 통한 화석 연료(석유, 석탄, 천연가스 등)의 대량 소비나 나무 벌채에 따른 식물 감소가 원인이며, 대기 중의 이산화탄소가 증가하는 경향에 있습니다. 그 밖에도 산성비, 오존층 파괴 등이 지구의 환경 문제가 되고 있어요.

온실가스 이산화탄소 등 지구 온난화를 일으키는 가스의 총칭.

화석 연료 석유, 석탄, 천연가스 등. 연소하면 이산화탄소가 발생한다.

산성비 자동차, 공장의 배기가스 중 질소산화물, 유황산화물이 빗물에 녹아서 산성비가 된다. 건축물의 붕괴 등이 일어날 수 있다.

오존층 파괴 냉각재 등에 사용된 프레온가스가 상공에 있는 오존층을 파괴한다. 이로 인해 자외선이 대량으로 지표면에 쏟아진다(자외선은 피부암의 원인이 되는 빛).

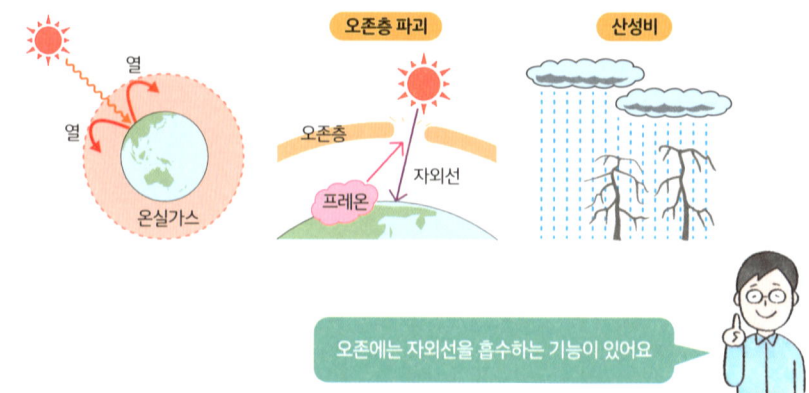

오존에는 자외선을 흡수하는 기능이 있어요

화석 연료의 사용량을 줄이기 위해서 태양광 발전, 풍력 발전 등의 발전 방법이 고려되고 있다.

빛의 반사

높이 10cm 물체를 거울 앞 20cm의 위치에 놓았다.
→ 거울에 의한 물체의 상이 생겼다.

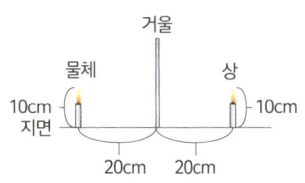

⚠️ 거울은 **지면에 수직으로 놓는다.**

· ·

물체의 상의 위치는? ⇒ 거울에 대해 물체와 **대칭인 위치**(거울에서 20cm 떨어진 위치).
물체의 상의 크기는? ⇒ **물체와 같은** 크기(10cm).
자기 모습 전체를 거울로 보기 위한 최소한의 거울 크기는? ⇒ **자기 키의 1/2** 크기.
거울에 의한 빛의 반사는? ⇒ 반사 법칙을 충족시킨다(**입사각=반사각**).

볼록렌즈(빛의 굴절)

초점 거리 10cm인 볼록렌즈의 중심에서 20cm 떨어진
위치에 길이 5cm의 물체를 놓았다.
→ 렌즈에 대해 물체와 반대쪽으로 20cm 떨어진 위치
에 5cm의 물체의 상(실상)이 생겼다.

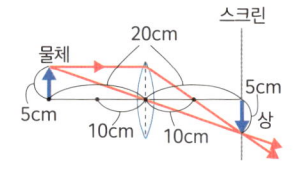

⚠️ 볼록렌즈 한 개에는 초점 두 개가 있으며 렌즈의 중심에서 초점까지의 거리를 **초점 거리**
라고 한다. **초점 거리는 렌즈**(렌즈의 두께 등)에 따라 다르다.

· ·

상의 방향은? ⇒ 물체와 **상하좌우 반대.**
물체를 렌즈에서 멀리 떨어뜨리면 어떻게 될까?
⇒ 렌즈와 **상(실상)의 위치는 가까워지고 상의 크기는 작아진다.**
물체를 초점의 위치에 놓으면 어떻게 될까? ⇒ 상은 생기지 않는다.
물체를 초점보다 렌즈에 가까운 쪽에 놓으면 어떻게 될까?
⇒ **물체와 같은 쪽에 물체보다 큰 허상이 생긴다.**

소리의 전달 방식

둥근 바닥 플라스크에 물을 조금 넣고 잠시 가열한다. 그 후 핀치콕을 사용해 플라스크를 밀폐해서 플라스크를 충분히 식힌다. 그리고 플라스크를 가만히 흔든다.

핀치콕
둥근 바닥 플라스크
방울
물

→ 방울 소리는 거의 들리지 않았다.

⚠ 가열하는 실험을 할 때는 둥근 바닥 플라스크를 사용한다(삼각 플라스크는 사용하지 않는다).

....

플라스크를 가열한 이유는? ⇒ **플라스크 안의 공기를 수증기로 밀어내기 위해서.**
플라스크를 식히기 전에 흔들면 어떻게 될까? ⇒ **방울 소리가 들린다**(수증기가 존재하기 때문).
플라스크를 식힌 이유는? ⇒ **플라스크 안의 수증기를 물로 만들기 위해서.**
방울 소리가 거의 들리지 않은 이유는? ⇒ **플라스크 안에 기체가 거의 존재하지 않았기 때문에**(소리는 주위의 물질을 진동시키며 전달되기 때문).
소리의 진동수란? ⇒ **1초 동안 진동하는 횟수**(단위는 Hz). 진동수는 소리의 높이와 비례한다.

물체에 작용하는 여러 가지 힘

책상 위에 전자저울을 놓고 그 위에 질량 500g인 물체를 올려놓는다. 용수철저울을 사용해 그 물체를 천천히 위로 끌어당겨서 용수철저울이 나타내는 값이 200g이 되었을 때 전자저울이 나타내는 값을 읽었다.

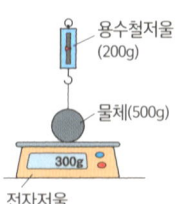

용수철저울(200g)
물체(500g)
300g
전자저울

→ 전자저울이 나타내는 값은 300g이 되었다.

⚠ g이나 kg은 물체의 질량을 나타내는 단위다. 질량 100g인 물체에 작용하는 중력은 약 1N이다.

....

물체에 작용하는 힘은? ⇒ **중력(5N)과 탄성력(2N)과 수직항력(3N).**
물체에 작용하는 힘의 방향은? ⇒ **중력은 아래쪽, 탄성력은 위쪽, 수직항력은 위쪽.**
용수철저울로 끌어당기는 힘을 크게 하면 어떻게 될까? ⇒ **전자저울의 값**(수직항력)**은 작아진다.** (용수철저울이 500g을 나타내면 전자저울은 0g을 가리킨다)
용수철저울이 나타내는 값+전자저울이 나타내는 값은? ⇒ **늘 500g**(물체의 질량)**이다. 용수철저울이 끌어당기는 탄성력+전자저울로부터 받는 수직항력=물체에 작용하는 중력.**

옴의 법칙

10Ω인 전열선 A와 15Ω인 전열선 B를 직렬로 연결한 회로(그림 1)와 병렬로 연결한 회로(그림 2), 각각 전원 전압 6V의 전압을 가했다.

→ 전원을 통과하는 전류의 크기는 그림 1에서 0.24A, 그림 2에서 1A가 되었다.

⚠ **전류계는 저항에 직렬**로 연결하고 **전압계는 저항에 병렬**로 연결한다.

⚠ 전류계, 전압계의 +단자는 전원의 +극, -단자는 전원의 -극에 연결한다.

. . . .

<u>옴의 법칙 공식은?</u> ⇒ <u>전압[V] = 전류[A] × 저항[Ω]</u>

그림 1의 전열선 A와 B에 흐르는 전류는? ⇒ 둘 다 같으며 0.24A(6V÷25Ω).

그림 2의 전열선 A와 B에 흐르는 전류는?

⇒ 전열선 A는 0.6A(6V÷10Ω), 전열선 B는 0.4A(6V÷15Ω).

<u>그림 1의 전열선 A와 B에 가해지는 전압은?</u> ⇒ 전열선 A는 2.4V, 전열선 B는 3.6V.

그림 2의 전열선 A와 B에 가해지는 전압은? ⇒ 둘 다 같으며 6V.

전류와 발열량

10Ω인 전열선 A를 20℃에서 물 100g을 담은 단열 용기에 넣어서 전원 전압 6V의 전류를 10분 동안 흘려보냈다.

→ 수온이 약 5.1℃ 상승했다.

⚠ 물 1g을 1℃ 상승시키는 데 필요한 열을 1cal로 하고 1cal≒4.2J로 한다.

⚠ 이 실험에서는 전열선에서 발생한 열은 전부 물의 온도 상승에 쓰인 것으로 한다.

. . . .

전력이란? ⇒ 1초 동안 발생하는 에너지이며 **전력[W] = 전압[V] × 전류[A].**

전열선 A에서 발생한 열량은? ⇒ 6V × 0.6A × 600초 = 2160J.

수온의 상승 온도에 관한 계산식은? ⇒ 2160J = 100g × □℃ × 4.2이므로 □℃ = 5.14…℃.

이 실험을 5Ω의 전열선으로 실시하면? ⇒ 전열선 A일 때 상승한 온도보다 약 두 배가 상승 한다(전열선 A일 때보다 두 배 더 큰 전류가 흐른다).

전류가 자기장에서 받는 힘

그림과 같이 영구 자석을 설치해서 매단 코일에 전류
를 흘려보냈다.

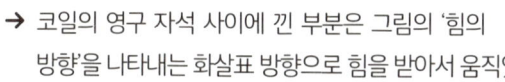

→ 코일의 영구 자석 사이에 낀 부분은 그림의 '힘의
　방향'을 나타내는 화살표 방향으로 힘을 받아서 움직였다.

⚠ 코일에는 에나멜선을 이용한다(에나멜은 전류를 통하게 하지 않는다).

⚠ 코일을 감는 횟수를 바꿀 때는 사용하는 에나멜선의 길이를 맞춘다(코일을 흐르는 전류
　의 크기가 같아지도록).

· ·

전류가 외부의 자기장에서 받는 힘 ⇒ <u>'플레밍의 왼손 법칙'</u>으로 생각한다.

코일을 많이 감으면 어떻게 될까? ⇒ 실험과 같은 방향으로 코일이 **크게 움직인다.**

전류의 크기를 키우면 어떻게 될까? ⇒ 실험과 같은 방향으로 코일이 **크게 움직인다.**

영구 자석의 S와 N극만 반대로 하면 어떻게 될까? ⇒ **실험과 반대 방향**으로 코일이 움직인다.

전류의 방향만 반대로 하면 어떻게 될까? ⇒ <u>**실험과 반대 방향**</u>으로 코일이 움직인다.

전자기 유도

검류계에 연결한 코일 상부에 막대자석의 N극을 가까이 대거나 멀리 떨어뜨렸다.

→ 코일에 가까이 댔을 때와 멀리 떨어뜨렸을 때 반대 방향의
　전류가 흘렀다.

⚠ 자석을 움직이게 했을 때의 검류계 바늘의 움직임을 본다.

⚠ 검류계의 바늘 방향에서 전류가 흐르는 방향을 알 수 있다
　(진동 폭에서 전류의 크기를 알 수 있다).

· ·

전자기 유도란? ⇒ 코일 안을 통과하는 외부의 자기장을 변화시키면 유도 전류가 흐른다.

자석의 N극을 가까이 대면 어떻게 될까? ⇒ **코일 상부가 N극이 된다.**

자석의 N극을 멀리 떨어뜨리면 어떻게 될까? ⇒ <u>**코일 상부가 S극이 된다.**</u>

자석의 움직임을 멈추면 어떻게 될까? ⇒ 유도 전류는 흐르지 않는다.

자석의 움직임을 빨리하면 어떻게 될까? ⇒ 코일 안을 통과하는 자기장의 변화가 커지기 때
　　　　　　　　　　　　　　　　　　 문에 유도 전류가 커진다.

빗면 위를 운동하는 물체

매끈한 빗면 위에 물체를 가만히 올려놓았다.

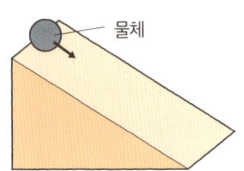
물체

→ 물체는 일정한 비율로 가속 운동을 했다.

⚠ 매끈한 빗면 ⇒ 마찰력을 고려하지 않는다.

⚠ 기록 타이머로 물체의 운동을 조사할 때는 처음의 기록
결과는 기록하지 않는다(점수의 간격이 너무 좁아서 기록할 수 없기 때문에).

물체에 힘이 작용하면 어떻게 될까? ⇒ 물체는 **그 힘의 방향으로 가속 운동**한다.

빗면 위의 물체가 가속하는 이유는? ⇒ **물체에 작용하는 중력의 분력이 빗면 아래쪽으로 작용**하기 때문.

빗면의 기울기를 크게 하면 어떻게 될까? ⇒ **물체에 작용하는 빗면 아래쪽 중력의 분력 크기가 커지기 때문에 가속 비율이 커진다.**

매끈한 빗면 위에서 물체에 작용하는 힘은 무엇일까? ⇒ **중력**과 **수직항력**.

역학적 에너지 보존

그림과 같은 매끄러운 레일 위에서 물체를 A점에서 가만히
떨어뜨렸다.

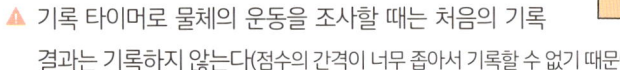

→ 물체가 레일에서 떨어진(D점) 후 물체의 최고점은 A점
의 높이보다 더 낮은 위치였다.

⚠ 가만히 떨어뜨린다 ⇒ 떨어뜨린 순간의 속도는 0m/s다.

⚠ 레일의 마찰이나 공기 저항은 고려하지 않는다.

역학적 에너지 보존이란? ⇒ **위치 에너지+운동 에너지=일정하다.**

속도가 가장 빠른 것은? ⇒ 물체가 **최저점의 위치**에 왔을 때(BC 사이).

레일에서 떨어져 최고점에 도달했을 때 ⇒ 물체는 **수평 방향으로 속도를 갖는다.**

레일에서 떨어진 후의 최고점이 A점보다 낮은 위치인 이유는? ⇒ 최고점에 도달했을 때라도 물체는 운동 에너지를 갖고 있어서 그만큼 시작(A점)보다 위치 에너지가 작기 때문이다.

화학 01 밀도의 측정

물을 눈금실린더에 50.0cm³ 넣고 그 속에 물체 A를 가라앉히자
62.5cm³가 되었다. 또한 그 물체 A의 질량을 전자저울로 측정하
자 60.0g이었다.

물체 A
(60.0g)

50cm³   62.5cm³

→ 이 물체 A의 밀도는 60.0g÷(62.5cm³－50.0cm³)＝4.8g/cm³인
  것을 알 수 있다.

⚠ 눈금실린더의 눈금은 <u>액체의 표면을 수평으로 보고</u> 읽는다.

⚠ 눈금실린더의 눈금은 <u>눈대중으로 $\frac{1}{10}$ 까지</u> 읽는다.

⚠ 가루인 물질의 질량을 전자저울로 측정할 경우 약봉지를 올리고 0으로 해서 측정한다.

· ·

물체의 밀도〔g/cm³〕이란? ⇒ <mark>1cm³당 물체의 질량. 질량〔g〕÷ 부피〔cm³〕.</mark>

물체를 특정하려면? ⇒ 물체의 밀도를 조사한다(밀도는 물질에 의해서 정해진다).

밀도가 1g/cm³보다 큰 물체를 물에 넣으면 어떻게 될까? ⇒ 물에 가라앉는다.

밀도가 1g/cm³보다 작은 물체를 물에 넣으면 어떻게 될까? ⇒ 물에 뜬다.

화학 02 기체의 발생

플라스크 A 안에 석회석을 넣고 묽은 염산을 섞어서 발생한 기
체 1을 석회수에 통하게 했다. 플라스크 B 안에 알루미늄을 넣고
묽은 염산을 섞어서 발생한 기체 2에 성냥불을 가까이 대 봤다.

염산

석회수

석회석   알루미늄
플라스크 A   플라스크 B

→ 기체 1 때문에 석회수는 하얗게 탁해지고, 기체 2는 격렬하
  게 소리를 내며 탔다.

⚠ 기체 발생 장치에서는 일반적으로 삼각 플라스크를 사용
  한다.

· ·

플라스크 A 안에서 일어난 반응은? ⇒ <mark>탄산칼슘+염화수소 → 이산화탄소+물+염화칼슘</mark>

플라스크 B 안에서 일어난 반응은? ⇒ <mark>알루미늄+염화수소 → 수소+염화알루미늄</mark>

이산화탄소, 수소의 포집법은? ⇒ <mark>수상 치환법(이산화탄소는 하방 치환법도 가능하다).</mark>

화학 03 | 물질이 녹는 방식 · 용해도

60℃의 물 200g에 질산포타슘 50g을 녹인 수용액을 만들어서 수용액의 온도를 10℃까지 낮추었다.

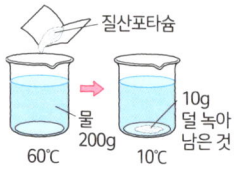

→ 질산포타슘 10g이 덜 녹아 남았다.

⚠ 액체의 온도는 서서히 낮춘다.

⚠ 용액 속의 녹다 만 물질을 제거할 때는 여과한다.

용해도란? ⇒ 물 100g에 녹는 물질의 최대량(물질. 액체의 온도에 따라 다르다).

10℃에서 질산포타슘의 용해도는? ⇒ 질산포타슘을 10℃의 물 200g에 50g-10g = 40g까지 녹일 수 있으므로 $40g \times \frac{100g}{200g} = 20g$.

고체 물질의 용해도는? ⇒ 일반적으로는 **수온이 높을수록 크다**(예외 : 수산화칼슘).

기체의 용해도는? ⇒ **수온이 낮을수록 크다.**

화학 04 | 증류

가지 달린 플라스크에 에탄올과 물의 혼합물을 넣은 후 끓임쪽을 넣고 가열했다. 배출된 증기를 식혀서 액체를 얻었다.

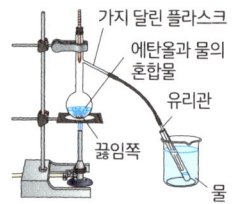

→ 처음에 얻은 액체에는 에탄올이 많이 함유되어 있는데 나중에 얻은 액체에는 물이 많이 함유되어 있다.

⚠ 끓임쪽을 넣는 이유는 **갑자기 끓어오르는 것을 방지하기 위해서.**

⚠ 온도계의 둥근 부분은 플라스크 가지 부분의 높이에 맞춘다.

증류란? ⇒ **액체를 한 번 끓게 해서 그 증기를 냉각시켜 다시 응축시키는 것.**

끓는점과 녹는점이란? ⇒ **액체가 기체가 되는 온도(끓는 온도)를 끓는점**이라고 하며, **고체가 액체가 되는 온도(녹는 온도)를 녹는점**이라고 한다.

처음에 얻은 액체에 에탄올이 많았던 이유는? ⇒ 에탄올의 끓는점은 약 78℃이며 물의 끓는점은 100℃라서 **에탄올이 먼저 끓기 때문이다.**

탄산수소소듐의 열분해

탄산수소소듐을 가열했다.

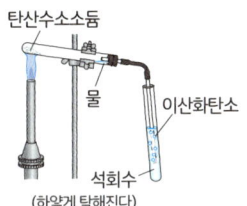

→ 시험관 안에는 흰색 고체가 남았고, 기체가 발생해 석회수가 하얗게 탁해지며, 가열한 시험관 끝에 액체가 모였다.

⚠ 발생한 액체가 역류해 **시험관이 깨지는 것을 방지하기 위해 시험관 입구를 조금 낮추어서** 가열한다.

⚠ **석회수의 역류를 방지하기 위해서 가열을 멈추기 전에 유리관을 석회수에서 뺀다.**

· ·

시험관에 남은 흰색 고체는? ⇒ **탄산소듐**(물에 잘 녹고 강한 염기성을 나타낸다)

발생한 기체는? ⇒ 석회수가 하얗게 탁해졌기 때문에 **이산화탄소.**

발생한 물방울은? ⇒ 염화코발트 종이에 묻히면 파란색에서 빨간색(연한 빨간색)으로 변했기에 **물.**

이 화학 반응은? ⇒ **탄산수소소듐**(흰색) → **탄산소듐**(흰색)+**물+이산화탄소.**
$2NaHCO_3 \rightarrow Na_2CO_3 + H_2O + CO_2$.

물의 전기 분해

소량의 수산화소듐을 조금 녹인 물에 전압을 가했다.

→ 음극 쪽에 모인 기체에 성냥불을 가까이 대자 소리를 내며 탔다. 양극에 모인 기체에 불이 붙은 선향을 넣으면 격렬하게 불탔다. 음극과 양극에 모인 기체의 부피비는 2:1이었다.

⚠ **물에 전기를 흘려보내기 쉽게 하려고 소량의 수산화소듐을 녹인다**(염산은 염소가 발생하므로 사용하면 안 된다).

· ·

음극에 발생한 기체는? ⇒ 격렬하게 불에 탄 점에서 **수소.**

양극에 발생한 기체는? ⇒ 조연성의 성질이 있는 점에서 **산소.**

발생하는 수소와 산소의 부피비는? ⇒ **2 : 1**(질량비는 1 : 8).

이 화학 반응은? ⇒ **물 → 수소+산소,** $2H_2O \rightarrow 2H_2 + O_2$

화학 07 산화와 환원

산화구리와 탄소의 가루를 섞어 시험관 안에 넣고 가열했다.

→ 시험관 안에 빨간색 물질이 남고 기체가 발생했다. 그 기체를 석회수에 넣으니 석회수가 하얗게 탁해졌다.

⚠ **석회수의 역류를 막기 위해서 가열을 멈추기 전에 유리관을 석회수에서 뺀다.**

⚠ 시험관에 남은 물질이 산소와 화합하는 것을 막기 위해서 **가열을 멈추면 핀치콕으로 고무관을 닫는다.**

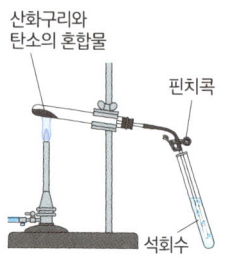

시험관에 남은 빨간색의 고체는? ⇒ 시약 스푼으로 문지르면 광택이 있으므로 **구리.**

발생한 기체는? ⇒ 석회수가 하얗게 탁해졌으므로 **이산화탄소.**

이 화학 반응은? ⇒ **산화구리+탄소 → 구리+ 이산화탄소.** $2CuO+C → 2Cu+CO_2$.

이 반응에서 산화된 물질과 환원된 물질은? ⇒ **산화되었다 : 탄소, 환원되었다 : 산화구리.**

화학 08 염산의 전기 분해

염산에 탄소 전극 2개를 사용해서 전기를 통하게 했다.

→ 양극에 모인 기체는 냄새가 나고 황록색을 띠었다. 음극의 기체에 성냥불을 가까이 대자 소리를 내며 불탔다. 양극에 모인 기체는 음극에 모인 기체보다 더 적었다.

⚠ 전극에는 탄소막대나 백금과 같은 반응하지 않는 물질을 사용한다. 전원의 +극이 양극이며 −극이 음극이다.

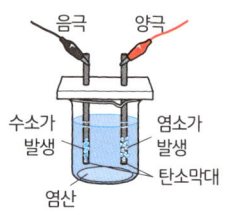

양극에 발생한 기체는? ⇒ 냄새가 나고(자극취) 황록색이므로 **염소.**

음극에 발생한 기체는? ⇒ 격렬하게 불에 탔으므로 **수소.**

발생하는 염소와 수소의 부피 비는? ⇒ **1 : 1.**

이 화학 반응은? ⇒ **염산 → 염소+수소.** $2HCl → Cl_2+H_2$.

양극에 모인 기체가 적었던 이유는? ⇒ **염소는 물에 잘 녹기 때문**이다.

화학 09 화학 전지

아연과 구리의 막대를 황산 수용액에 담그고 도선으로 이어서 꼬마전구를 연결했다.

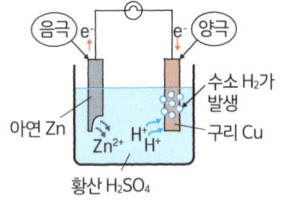

→ 꼬마전구는 켜지고, 아연은 녹고, 구리의 표면에 기체가 발생한 것을 볼 수 있었다. 발생한 기체에 성냥불을 가까이 대자 소리를 내며 불탔다.

⚠ 화학 전지를 만들 때는 아연과 구리처럼 이온이 되기 쉬운 정도가 다른 전극을 사용한다.

⚠ 화학 전지에 사용하는 액체는 전해질 수용액을 사용한다.

· ·

아연(음극)에서의 반응은? ⇒ **아연 원자 1개가 전자 2개를 방출해서, 아연 이온(Zn^{2+})이 되었다.**

구리(양극) 표면에서의 반응은? ⇒ **수소 이온(H^+) 2개가 전자를 1개씩 받아들여서 수소 H_2가 되었다.**

화학 전지란? ⇒ **물질이 가진 화학 에너지를 전기 에너지로 변환하는 전지.**

화학 10 산과 염기, 중화

비커 3개에 각각 어떤 농도의 염산 10mL를 넣고, 수산화소듐 수용액 5mL, 10mL, 15mL를 각각 더했다(각각 A, B, C로 한다). 그 후 각 비커 안의 용액에 BTB 용액을 더했다.

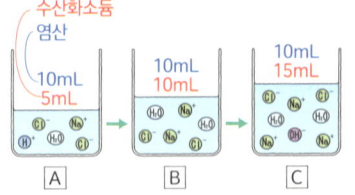

→ B의 용액 색깔은 녹색을 유지했다.

⚠ BTB 용액은 녹색으로 조합한 것을 사용한다.

· ·

A와 C의 용액 색은? ⇒ **A는 노란색, C는 파란색이다.**

A의 용액 속에 있는 이온은? ⇒ 염화물 이온, 소듐 이온, 수소 이온.

B의 용액 속에 있는 이온은? ⇒ 염화물 이온, 소듐 이온.

C의 용액 안에 있는 이온은? ⇒ 염화물 이온, 소듐 이온, 수산화물 이온.

암석 관찰

어떤 장소에서 채취한 암석 A~E를 확대경으로 관찰했다.

→ 암석 A~C는 입자가 둥그스름한 모양을 띠었는데 암석 D(흰색)와 E(회색)는 입자가 네모졌다.

⚠ 암석을 관찰할 때는 확대경이나 쌍안 실체 현미경을 사용한다.

· ·

A~C의 암석은 무엇일까? ⇒ **A는 역암, B는 사암, C는 이암.**

A~C의 암석 입자가 둥근 모양을 띠는 이유는? ⇒ 암석을 만드는 자갈, 모래, 진흙은 **흐르는 물의 작용을 받아 왔기 때문**이다.

D와 E의 암석은 무엇일까? ⇒ **D는 화강암, E는 안산암.**

D와 E의 암석이 생기는 방법의 차이는? ⇒ **D는 마그마가 지표에서 깊이 들어간 위치에서 천천히 식어서 생겼다. E는 지표 부근에서 급격하게 식어서 생겼다.**

지진

어떤 장소에서 발생한 지진에 관해 관측점 A~C에서의 진원 거리와 P파와 S파의 도달 시각을 조사했다.

	진원 거리	P파의 도달 시각	S파의 도달 시각
A	120km	12:02:15	12:02:30
B	240km	12:02:30	12:03:00
C	360km	X	Y

→ 오른쪽 표와 같은 결과가 나왔다.

⚠ 가장 가까운 지진계가 P파를 관측하고 기상청에 신호를 보내 '지진 재난 문자'를 발송하는 구조를 이룬다.

· ·

P파가 전달되는 속도는? ⇒ (240km−120km)÷15s = 8km/s.

S파가 전달되는 속도는? ⇒ (240km−120km)÷30s = 4km/s.

P파가 도달한 후 S파가 도달하기까지 걸리는 시간을 무엇이라고 할까? ⇒ **초기 미동 계속 시간(ps시)**이라고 하며 **진원 거리에 (거의) 비례**한다.

지점 C의 X와 Y의 시각은? ⇒ X는 12:02:45, Y는 12:03:30.

이 지진의 발생 시각은? ⇒ 12:02:15-15s = 12:02:00.

지층 관찰①

어느 지역의 지점 P, Q에서 지하의 지층 모습을 조사했더니 그림과 같은 지층이었다.

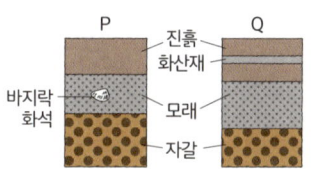

→ P층의 모래층에는 바지락의 화석, Q층에는 화산재층이 보였다.

⚠ 길거리 등에서 지층의 모습을 관찰할 때는 낙석 등에 주의한다.

· ·

바지락 화석이 보인 점에서 무엇을 알 수 있을까?

⇒ 그 층은 **얕은 바다**에서 퇴적해 생겼음을 알 수 있다.

화산재층이 보인 점에서 무엇을 알 수 있을까? ⇒ **화산 활동**이 있었다는 사실을 알 수 있다.

이 지역의 지층이 생길 때 해수면의 변화는?

⇒ 점점 올라갔다(입자의 크기가 위층일수록 작아지기 때문).

지층 관찰②

어느 지점 A(해발고도 100m)와 지점 A에서 정서쪽으로 200m 떨어진 지점 B(해발고도 110m)에서 지하의 모습을 조사했다.

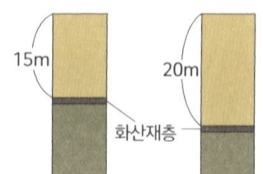

→ 각각 같은 시대에 생긴 화산재층을 볼 수 있었다.

⚠ 지층의 기울기를 생각할 때는 각 지점의 해발고도도 고려한다.

· ·

화산재층처럼 지층 기울기의 기준이 되는 층을 무엇이라고 할까? ⇒ **건층(열쇠층)**이라고 한다.

지하에 구멍을 파서 지하의 모습을 조사하는 것을 무엇이라고 할까?

⇒ **보링 조사**라고 한다.

이 지역 지층의 기울기는?

⇒ 서쪽으로 200m 떨어진 곳에서 지층은 (110m-20m) - (100m-15m) = 5m 올라간다.

습도 측정

기온 20℃일 때 금속 용기에 물을 넣고 그곳에 얼음을 조금씩 넣어 뒤섞어가며 온도계로 수온을 쟀다.

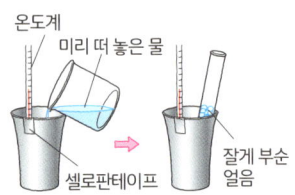

온도계
미리 떠 놓은 물
셀로판테이프
잘게 부순 얼음

→ 수온이 5℃가 된 지점에서 용기의 표면이 흐려졌다. 또한 20℃ 공기의 포화수증기량은 17.3g/m³ 며 5℃ 공기의 포화수증기량은 6.8g/m³라는 사실을 알았다.

⚠ 물방울이 생긴 것을 쉽게 확인하기 위해서 용기에 셀로판테이프를 붙이면 좋다.

. . . .

포화수증기량이란? ⇒ 공기 1m³ 안에 포함할 수 있는 수증기의 최대량[g/m³].

포화수증기량과 기온의 관계는? ⇒ 기온이 높을수록 많아진다.

습도의 계산식은? ⇒ 습도[%] = $\dfrac{\text{실제로 공기 1m}^3\text{에 포함하는 수증기량[g/m}^3]}{\text{그 기온에서의 포화수증기량[g/m}^3]}$ ×100[%].

이 실험을 할 때 공기의 습도는? ⇒ $\dfrac{6.8}{17.3} \times 100 \fallingdotseq 39.3\%$.

바람이 부는 방식 실험

수조에 모래를 넣은 용기와 물을 넣은 용기를 나란히 놓고 가운데에 불이 붙은 향을 놓았다. 전구의 빛을 물과 모래에 충분히 쐬게 해서 연기의 움직임을 관찰했다.

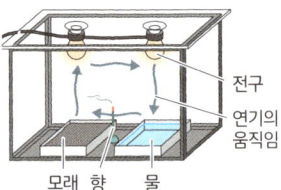

전구
연기의 움직임
모래 향 물

→ 연기는 모래 위에서 상승하고 물 위에서는 하강했다.

⚠ 용기 근처 연기의 수평 방향 흐름에도 주목한다(이것이 바람에 해당한다).

. . . .

모래와 물 중 어느 쪽이 더 빨리 따뜻해질까? ⇒ 고체인 모래가 더 빨리 따뜻해진다.

연기의 수평 방향 흐름은? ⇒ 용기 근처에서는 물→모래 쪽으로 흐른다.

낮에 부는 바람은 어느 쪽에서 불어올까?

⇒ 고체인 육지가 더 빨리 따뜻해지므로, 바다에서 육지 쪽으로 불어온다(해풍).

야간에 부는 바람은 어느 쪽에서 불어올까?

⇒ 고체인 육지가 더 빨리 식기 때문에, 육지에서 바다 쪽으로 불어온다(육풍).

계절과 날씨

겨울과 여름 날씨의 특징을 조사하기 위해서 대표적인 겨울과 여름의 일기도를 조사했다(그림 1과 그림 2).

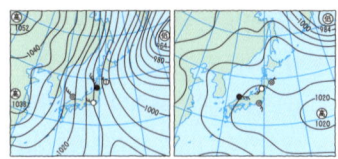

그림1 겨울의 일기도 그림2 여름의 일기도

→ 겨울의 일기도에서는 서쪽에 큰 고기압이 보이며 등압선이 좁은 간격으로 남북에 보이고, 여름의 일기도에서는 남부에 큰 고기압이 보였다.

⚠ **겨울은 시베리아 기단, 여름은 북태평양 기단**의 영향을 받는 것에 주목한다.

⋯⋯⋯⋯⋯⋯⋯⋯⋯⋯⋯⋯⋯⋯⋯⋯⋯⋯⋯⋯⋯⋯⋯⋯⋯⋯⋯⋯

겨울의 기압 배치는? ⇒ **서고동저**(서쪽에 고기압, 동쪽에 저기압).

여름의 기압 배치는? ⇒ **남고북저**(남쪽에 고기압, 북쪽에 저기압).

겨울과 여름의 계절풍은? ⇒ **겨울은 북서, 여름은 남동 계절풍**.

별의 움직임 관찰

어느 날 어떤 장소에서 오후 11시에 북쪽 하늘의 별을 관찰했더니 별 X가 그림의 나 위치에 관측되었다. 3개월 후 오후 9시에 같은 장소에서 별 X의 위치를 관측했다.

→ 그림의 타의 위치에 별 X가 관측되었다.

⚠ 북쪽 하늘의 별은 북극성을 중심으로 해서 반시계 방향으로 (동쪽에서 서쪽으로) 일주운동과 연주운동을 하는 점에 주의한다

⋯⋯⋯⋯⋯⋯⋯⋯⋯⋯⋯⋯⋯⋯⋯⋯⋯⋯⋯⋯⋯⋯⋯⋯⋯⋯⋯⋯

별의 일주운동이란? ⇒ **1시간에 동쪽에서 서쪽으로 15° 운동한다**(지구의 **자전**에 따른다).

별의 연주운동이란? ⇒ **1개월 동안 같은 시각에 동쪽에서 서쪽으로 30° 운동한다**(지구의 공전에 따른다).

관찰 결과의 계산식은? ⇒ 일주운동으로 15°×2시간＝30°(시계 방향), 연주운동으로 30°×3개월＝90°(반시계 방향). 이것으로 그림의 나 위치에서 반시계 방향으로 90°-30°＝60°의 위치(타의 위치)에 있다고 생각할 수 있다.

지구 과학 09 달의 관찰

어떤 장소에서 오전 0시에 며칠 동안 달을 관찰했다.

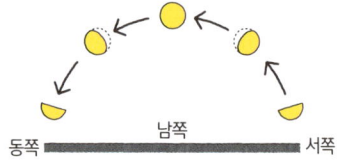

→ 첫날은 상현달이 서쪽 하늘에 보였고 날을 거듭할수록 달은 서쪽 하늘 → 남쪽 하늘 → 동쪽 하늘로 위치가 바뀌었다. 보름달이 남쪽 하늘에 보인 날까지 가득 찼으며 그날 이후는 달의 서쪽(오른쪽)이 이지러졌다.

⚠ 달은 지구 둘레를 공전하는 위성이며 태양광이 닿는 부분이 지구에서 보인다.

달의 공전 주기와 자전 주기는? ⇒ 둘 다 **약 27.3일이며 같은 방향.**

달이 차고 이지러지는 주기는? ⇒ **약 29.5일.**

달의 남중 시각은? ⇒ 하루에 약 50분 늦어진다.

지구 과학 10 금성의 관찰

어느 날 저녁 서쪽 하늘에서 금성을 관찰했다. 다른 날 새벽 동쪽 하늘에서 금성을 관찰했다.

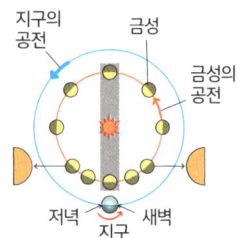

→ 저녁 무렵 서쪽 하늘에서 관찰한 금성은 왼쪽이 이지러졌고 새벽의 동쪽 하늘에서 관찰한 금성은 오른쪽이 이지러졌다.

⚠ 금성은 지구보다 안쪽에서 태양 둘레를 공전하는 내행성 중 하나(가장 안쪽을 공전하는 행성은 수성)이므로 한밤중에 관찰하기란 불가능하다.

저녁 무렵 서쪽 하늘에서 관찰할 수 있는 금성을 무엇이라고 할까? ⇒ **개밥바라기**라고 한다.

새벽에 동쪽 하늘에서 관찰할 수 있는 금성을 무엇이라고 할까? ⇒ **샛별**이라고 한다.

수성, 금성, 지구, 화성을 합쳐서 뭐라고 할까? ⇒ 지구형 행성(밀도가 크다).

목성, 토성, 천왕성, 해왕성을 합쳐서 뭐라고 할까? ⇒ 목성형 행성(밀도가 작다).

생물 01 현미경 사용법

현미경으로 물속의 플랑크톤을 관찰하려고 했는데 시야의
오른쪽 위에 있어서 시야의 중심으로 오게 하려고 한다.

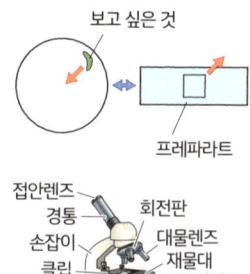

보고 싶은 것

프레파라트

→ 프레파라트를 오른쪽 위로 조금 움직이자 시야의 중심
  으로 보고 싶은 것이 이동했다.

⚠ 슬라이드 유리에 커버 유리를 덮어씌울 때 기포가 들어
  가지 않게 한다.

⚠ 현미경은 직사광선이 닿지 않는 밝은 곳에 놓는다.

접안렌즈 · 경통 · 손잡이 · 클립 · 조절 나사
회전판 · 대물렌즈 · 재물대 · 조리개 · 프레파라트 · 반사경

· ·

현미경에서는 어떻게 보일까? ⇒ <mark>상하좌우가 반대</mark>로 뒤집혀 보인다.

현미경의 렌즈를 설치하는 순서는? ⇒ 접안렌즈 → 대물렌즈.

현미경의 배율은? ⇒ 접안렌즈의 배율×대물렌즈의 배율(길이의 배율).

현미경의 배율을 높이면 시야와 밝기는 어떻게 될까? ⇒ 시야는 좁아지고 밝기는 어두워진다.

생물 02 꽃의 구조

유채꽃과 나팔꽃의 꽃의 구조를 관찰했다.

나팔꽃   유채꽃

→ 유채꽃, 나팔꽃 모두 '암술', '수술', '꽃잎', '꽃받침'이 갖추어져
  있다. 유채꽃은 꽃잎이 4장 모두 떨어져 있었지만, 나팔꽃은
  다섯 장이 딱 달라붙어 있었다.

⚠ 꽃의 바깥쪽에서 조심스럽게 떼어낸다(꽃받침, 꽃잎, 수술, 암술의 순서).

⚠ 세밀한 부분은 확대경을 사용해서 관찰한다(확대경은 움직이지 않는다).

· ·

유채꽃은 갈래꽃일까 통꽃일까? ⇒ 꽃잎이 떨어져 있으므로 <mark>갈래꽃</mark>.

나팔꽃은 갈래꽃일까 통꽃일까? ⇒ 꽃잎이 딱 달라붙어 있으므로 <mark>통꽃</mark>.

유채꽃, 나팔꽃에 암술이 있는 이유는? ⇒ <mark>종자를 만들기</mark> 위해서.

유채꽃, 나팔꽃이 수술이 있는 이유는? ⇒ <mark>꽃가루받이에 필요한 꽃가루를 만들기</mark> 위해서

그 외의 갈래꽃은? ⇒ 벚꽃, 완두콩 등.

그 외의 통꽃은? ⇒ 진달래, 호박, 민들레 등.

식물 줄기의 구조

봉숭아를 빨간 물에 잠시 담그고 줄기의 단면을 현미경
으로 관찰했다.

→ 그림의 부분이 빨갛게 물든 것이 관찰되었다.

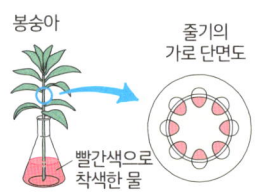

봉숭아 / 줄기의 가로 단면도 / 빨간색으로 착색한 물

⚠ 약 30분~1시간 정도 착색한 물에 담가 놓는다.
⚠ 현미경으로 관찰할 때는 칼로 종이만큼 얇게 썬다.

단면의 빨갛게 물든 부분은? ⇒ **물관**(뿌리에서 물이 지나가는 길).
물들지 않은 바깥쪽 부분은? ⇒ **체관**(잎에서 만든 영양분이 지나가는 길).
물관과 체관 사이에 있는 세포 분열이 활발한 부분은 무엇일까? ⇒ **형성층(부름켜).**
물관과 체관을 합쳐서 무엇이라고 할까? ⇒ **관다발**이라고 한다.
쌍떡잎식물의 관다발은? ⇒ 형성층을 사이에 두고 안쪽에 물관, 바깥쪽에 체관이 분포한다.

증산 작용

같은 종류에 같은 크기인 식물을 표 A~C와 같이 응
용해서 각각 물을 넣은 시험관에 1시간 정도 넣고 물
의 감소량을 조사했다.

→ 잎의 뒷면에 바셀린을 바른 것이 물의 감소량이
가장 적었다.

시험관	응용 방법	물의 감소량
A	아무것도 하지 않는다	12mL
B	잎의 앞면에 바셀린을 바른다	9mL
C	잎의 뒷면에 바셀린을 바른다	4mL

⚠ **잎의 기공을 막기 위해서** 바셀린을 바르는 것이다.
⚠ 수면에서의 증발을 막기 위해서 시험관의 물에 기름을 띄운다.

식물이 기공으로 수증기를 내보내는 작용은? ⇒ **증산 작용(증산).**
증산이 활발해질 때는? ⇒ **기온이 높고, 습도가 낮으며, 바람이 잘 통할** 때.
기공의 수가 많은 곳은 어디일까? ⇒ 증산량의 결과에서 **잎의 뒷면**에 많다(이 식물의 경우).
잎의 뒷면에서 증산량을 계산하는 식은? ⇒ 12mL-4mL =8mL(1시간당).

광합성 실험

얼룩이 있는 나팔꽃의 잎 일부에 알루미늄을 덮어씌우고 빛을 충분하게 쐬어준 후 요오드 용액으로 녹말이 생긴 부분을 조사했다.

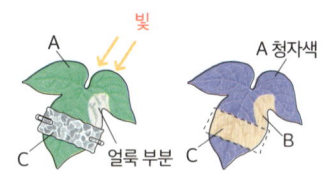

→ 잎의 녹색에서 빛이 닿은 부분이 청자색으로 변했다.

⚠ 빛을 쐬기 전에 암실에 잠시 넣어 놓는다(잎의 녹말을 한 번에 없애기 위해서).

⚠ 잎은 중탕한 알코올에 담가서 탈색시킨다(알코올을 직접 가열하면 불이 붙을 우려가 있기 때문에).

· ·

그림 A와 B의 결과로 알 수 있는 것은? ⇒ 식물은 **엽록체로 광합성을 한다.**

그림 A와 C의 결과로 알 수 있는 것은? ⇒ **광합성에는 빛이 필요**하다.

광합성의 식은? ⇒ **이산화탄소+물 → 산소+녹말.**

침 실험

녹말 수용액 10mL를 넣은 시험관 6개를 준비해서(각각 A~F로 한다) 각각 표와 같이 실험했다.

A	침을 더해서 36℃로 유지한다 → 요오드 용액
B	침을 더해서 36℃로 유지한다 → 베네딕트 시약
C	물을 더해서 36℃로 유지한다 → 요오드 용액
D	물을 더해서 36℃로 유지한다 → 베네딕트 시약
E	침을 더해서 98℃로 유지한다 → 요오드 용액
F	침을 더해서 98℃로 유지한다 → 베네딕트 시약

→ C와 E는 요오드 용액으로 인해 청자색으로 변했으며, B만 베네딕트 시약으로 인해 적갈색으로 변했다.

⚠ 요오드 용액은 원래 황갈색이며 녹말과 반응해서 청자색으로 변한다.

⚠ 베네딕트 시약은 원래 파란색이며 당분을 포함하는 액체와 가열하면 반응해서 적갈색이 된다.

· ·

A와 C의 결과로 알 수 있는 것은? ⇒ 침은 녹말을 다른 물질로 변화시킨다.

A와 E의 결과로 알 수 있는 것은? ⇒ 침은 온도가 지나치게 높으면 기능을 상실한다.

B와 D의 결과로 알 수 있는 것은? ⇒ 침은 녹말을 당분으로 변화시킨다.

호기와 흡기

A는 들숨과 날숨(흡기와 호기)의 산소와 이산화탄소 비율을
조사했다. 또한 A의 경우 호흡 한 번으로 드나드는 기체가
500mL라는 사실을 알았다.

	산소	이산화탄소
흡기	21%	0.04%
호기	16%	5%

→ A는 호흡으로 1회 500mL×(21-16)/100＝25mL의 산소를
  체내에 받아들인다는 것을 알 수 있다.

⚠ 산소나 이산화탄소의 비율을 조사할 때는 기체 검지관을 사용한다.

⚠ 산소용 기체 검지관은 온도가 높아지므로 주의한다.

· ·

들숨과 날숨으로 산소의 비율이 달라지는 이유는?
⇒ **호흡으로 체내에 산소가 들어오기** 때문이다.
호흡 한 번으로 A의 체내에 들어오는 산소는? ⇒ 500mL×(21-16)/100＝25mL.
호흡 물질의 출입은? ⇒ **녹말+산소 → 이산화탄소+물.**
흡기보다 호기에 더 많이 함유된 기체는? ⇒ **이산화탄소와 수증기.**

자극과 반응 실험

그림과 같이 10명이 원을 이루며 손을 잡고 첫 번째 사람이 오른손
으로 스톱워치를 누르면 그와 동시에 옆 사람의 오른손을 쥔다. 손
이 쥐인 사람은 다음 사람의 오른손을 쥐고 차례대로 손을 쥐여 나
간다. 첫 번째 사람은 스톱워치를 왼손에 바꾸어 들고 오른손이 쥐
인 후 스톱워치를 정지해서 몇 초가 걸렸는지 조사했다.

스톱워치

→ 걸린 시간은 2.6초였다.

⚠ 측정값의 정밀도를 높이기 위해서 여러 번 같은 측정을 해 평균값을 낸다.

· ·

이 실험에서의 감각기관은? ⇒ **피부.**
1인당 자극으로부터 반응에 필요한 시간은? ⇒ 2.6초÷10＝0.26초.
자극에서 반응까지의 경로는? ⇒ **피부 → 척수 → 뇌 → 척수 → 근육.**
척수와 뇌를 합쳐서 무엇이라고 할까? ⇒ **중추신경.**

생물 09   체세포 분열 관찰

양파의 뿌리 끝 부근의 세포를 관찰하기 위해서 뿌리의 끝을 에 탄올에 담그고 따뜻하게 한 염산에 담근 후 슬라이드 유리 위에 올려서 손잡이가 달린 바늘로 살짝 찢는다. 염색약을 떨어뜨리고 커버 유리를 덮은 후 거름종이를 덮어 위에서 눌러 으깨어 그 모 습을 현미경으로 관찰했다.

→ 그림과 같은 세포 분열 과정을 관찰했다.

⚠ 실험에서 염색약으로 아세트산 카민액, 아세트산 오르세인액 등을 사용한다.

· ·

따뜻하게 한 염산에 담근 이유는? ⇒ <mark>세포끼리 떨어지기 쉽게 하기</mark> 위해서.

거름종이를 덮고 위에서 눌러 으깬 이유는? ⇒ <mark>세포가 겹치지 않게 하기</mark> 위해서.

염색액으로 빨갛게 물든 부분은 무엇일까? ⇒ 세포의 <mark>핵</mark> 부분.

생물 10   유전의 법칙

둥근 완두콩 순종 종자와 주름진 완두콩 순종 종자를 교배해서 생 긴 자식끼리 자가 꽃가루받이로 교배해 생긴 종자를 조사했다.

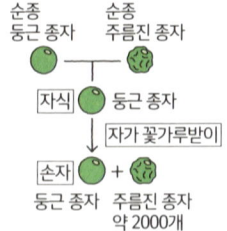

→ 주름진 종자가 약 2000개가 있었다.

⚠ 자가 꽃가루받이란 꽃가루가 같은 꽃의 암술머리에 붙는 것 이다.

· ·

감수 분열이란? ⇒ <mark>생식세포를 만들 때 체세포의 염색체 수가 반으로 줄어드는 분열.</mark>

우열의 법칙이란? ⇒ <mark>두 대립유전자 중 우성 유전자의 형질만 나타난다</mark>(완두콩의 경우 '둥근 A' 가 우성, '주름 a'가 열성).

둥근 종자의 수는? ⇒ Aa끼리 교배하면 <mark>AA(둥근 것) : Aa(둥근 것) : aa(주름진 것) = 1 : 2 : 1</mark> 이 되므로 둥근 종자의 개수는 약 2000×3 = 6000개.

설명을 더한 찾아보기

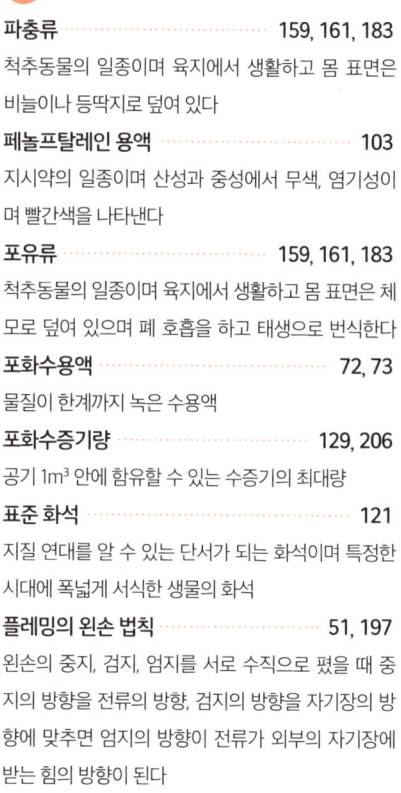

ㅎ

기 타